Gerhard Kowalewski

Einführung in die Infinitesimalrechnung mit einer historischen Übersicht

Gerhard Kowalewski

Einführung in die Infinitesimalrechnung mit einer historischen Übersicht

ISBN/EAN: 9783955622268

Auflage: 1

Erscheinungsjahr: 2013

Erscheinungsort: Bremen, Deutschland

@ Bremen-university-press in Access Verlag GmbH, Fahrenheitstr. 1, 28359 Bremen. Alle Rechte beim Verlag und bei den jeweiligen Lizenzgebern.

Aus Natur und Geisteswelt
Sammlung wissenschaftlich-gemeinverständlicher Darstellungen
197. Bändchen

Einführung in die
Infinitesimalrechnung
mit einer historischen Übersicht

Von

Dr. Gerhard Kowalewski
a. o. Prof. der Mathematik an der Universität Bonn

Mit 18 Figuren im Text

Druck und Verlag von B. G. Teubner in Leipzig 1908

Vorwort.

Das vorliegende Büchlein bietet die Grundbegriffe und Hauptsätze der Infinitesimalrechnung in einer Form, die ungefähr den modernen Anschauungen entspricht. Es ist überall der Versuch gemacht, so streng wie möglich zu sein, ohne doch durch zu tiefes Eingehen auf alle Schwierigkeiten den Leser abzuschrecken. Eine völlig strenge Begründung der Infinitesimalrechnung ist nur nach klarer Festlegung des Zahlbegriffs möglich. Eine solche hätte aber in den Rahmen dieser Schrift nicht hineingepaßt. Deshalb wurde davon abgesehen.

Der Verfasser hofft, daß jeder Gebildete aus diesem kleinen Buch einen Begriff von dem Wesen der Infinitesimalrechnung gewinnen kann, und daß insbesondere auch der mathematische Student Nutzen daraus ziehen wird.

Bonn, September 1907.

G. Kowalewski.

Inhaltsübersicht.

Erstes Kapitel.

Funktionen, Grenzwerte, Reihen . . . . Seite 1—42

Zweites Kapitel.

Differentialrechnung . . . . 43—98

Drittes Kapitel.

Integralrechnung . . . . 98—119

Historische Übersicht . . . . 119—126

Berichtigungen.

Seite 33, Zeile 12 u. 13 von unten: „aufsteigende" statt „absteigende" und umgekehrt.
  „ 53, letzte Formel: $(\cot x)'$ statt $(\cos x)'$.
  „ 58, Zeile 13 von unten: $x + h$ statt $a + h$.
  „ 59, Zeile 10: $(0 < \vartheta < 1)$ zu streichen
  „ 61, Zeile 14: „die" statt „den".
  „ 69, Zeile 12: $a_n x_0^{n-1}$ statt $a_n x_0^n$.
  „ 99, Zeile 12: $a_2 x^2$ statt $a_2 x$.

Erstes Kapitel.
Funktionen, Grenzwerte, Reihen.
§ 1. Veränderliche und Konstanten.

Eine Veränderliche ist eine Größe, die verschiedene Werte annimmt, eine Konstante dagegen eine Größe, die ihren Wert nicht ändert. So sind z. B. Größe und Gewicht eines heranwachsenden Menschen Veränderliche, Meter und Kilogramm, mit denen wir jene messen, Konstanten. Auch die seit einem bestimmten Zeitpunkt verflossene Zeit ist eine Veränderliche, während die Sekunde, mit der wir sie messen, eine Konstante ist.

§ 2. Funktionen einer Veränderlichen.

Der Funktionsbegriff ist der wichtigste Begriff der höheren Mathematik. In der Allgemeinheit, wie wir ihn jetzt erklären werden, hat ihn zum ersten Mal Dirichlet eingeführt (1837).

y heißt eine Funktion von x, wenn zu jedem Wert von x ein Wert von y gehört. Bezeichnen wir z. B. mit x das genaue Lebensalter eines Menschen, mit y die Größe (oder das Gewicht) dieses Menschen im Alter x, so gehört offenbar zu jedem Wert von x ein Wert von y. Größe und Gewicht eines Menschen sind also Funktionen seines Alters.

Andere Beispiele für Funktionen sind folgende:

Oberfläche und Inhalt einer Kugel sind Funktionen ihres Radius.

Die Endgeschwindigkeit eines fallenden Körpers ist eine Funktion der Fallhöhe.

Das Volumen einer Gasmenge ist (bei gegebener Temperatur) eine Funktion des Drucks.

Wir empfehlen dem Leser, weitere Beispiele für Funktionen aus Geometrie, Physik und Chemie selbst herauszusuchen, um sich dadurch den Funktionsbegriff möglichst klar zu machen.

Wenn y eine Funktion von x ist, so nennt man x die unabhängige, y die abhängige Veränderliche.

Um auszudrücken, daß y eine Funktion von x ist, schreibt man

$$y = f(x) \qquad \text{(Lies: „}y\text{ gleich }f\text{ von }x\text{“.)}$$

Hat man gleichzeitig verschiedene Funktionen zu betrachten, so wendet man die Bezeichnungen $f(x)$, $g(x)$, $h(x)$, ... oder $\varphi(x)$, $\chi(x)$, $\psi(x)$, ... an. Es werden fast alle Buchstaben (große und kleine) zur Bezeichnung von Funktionen benutzt.

§ 3. Funktionen von mehreren Veränderlichen.

z heißt eine Funktion von x und y, wenn zu jedem Wertsystem x, y ein Wert von z gehört. Man nennt x und y die unabhängigen Veränderlichen, z die abhängige Veränderliche und schreibt

$$z = f(x, y).$$

Sind neben $f(x, y)$ noch andere Funktionen von x und y zu betrachten, so nimmt man bei ihnen statt f andere Buchstaben.

Beispiele für Funktionen von zwei Veränderlichen.

Der Inhalt eines Rechtecks ist eine Funktion der beiden Seiten. Das Volumen einer Gasmenge ist eine Funktion von Druck und Temperatur. Der Leser möge selbst weitere Beispiele bilden.

In durchaus entsprechender Weise definiert man Funktionen von drei, vier, fünf, ... Veränderlichen.

§ 4. Geometrische Darstellung der Zahlen, Zahlenpaare und Zahlentripel.

Descartes hat in seiner „Géométrie" (1637) gelehrt, wie man die Zahlen durch die Punkte einer Geraden, die Zahlenpaare*) durch die Punkte der Ebene, die Zahlentripel*) durch die Punkte des Raumes in einfacher Weise versinnlichen kann, und er wurde dadurch der Begründer der analytischen Geometrie.

1. Wenn wir eine Gerade betrachten (Fig. 1), so können wir uns in zwei verschiedenen Richtungen auf ihr bewegen. Die

---

*) Genau genommen müßten wir sagen „geordnete Zahlenpaare" und „geordnete Zahlentripel", weil in jedem Paar ein 1. und 2., in jedem Tripel ein 1., 2. und 3. Glied unterschieden wird.

Geometrische Darstellung der Zahlen.

eine dieser beiden Richtungen ist in der Figur durch einen Pfeil markiert. Sie soll die **positive** heißen, die andere die **negative**. Eine Bewegung auf unserer Geraden in positiver Richtung wollen wir eine **Vorwärtsbewegung**, eine Bewegung in negativer Richtung eine **Rückwärtsbewegung** nennen.*) Nun sei A ein erster, B ein zweiter Punkt auf der Geraden; d sei die Entfernung beider, gemessen mit einer zu Grunde gelegten Längeneinheit. Bewegen wir uns auf der Geraden von A nach B, so beschreiben wir die Strecke AB. Haben wir dabei eine Vorwärtsbewegung ausgeführt, so wollen wir sagen:

Die Strecke AB hat die Maßzahl d.

Haben wir eine Rückwärtsbewegung ausgeführt, so wollen wir sagen:

Die Strecke AB hat die Maßzahl $-d$.

Die Maßzahl einer Strecke AB ist also die mit einem gewissen Vorzeichen versehene Entfernung der beiden Punkte A, B. Dieses Vorzeichen ist das Zeichen $+$, wenn man von A nach B durch eine Vorwärtsbewegung gelangt (die Lokomotive also von A nach B vorwärts fahren muß) das Zeichen $-$, wenn man von A nach B durch eine Rückwärtsbewegung gelangt (die Lokomotive also von A nach B rückwärts fahren muß).

Die Maßzahl der Strecke AB wollen wir mit $\overline{AB}$ bezeichnen, die Entfernung der beiden Punkte A, B dagegen mit $|AB|$.

Dann ist offenbar $|AB| = |BA|$, aber

(1) $$\overline{AB} = -\overline{BA};$$

denn wenn die Lokomotive z. B. von A nach B vorwärts fährt, so muß sie von B nach A rückwärts fahren.

Eine wichtige Relation besteht zwischen den durch drei Punkte A, B, C bestimmten Strecken. Es ist immer

(2) $\overline{AB} + \overline{BC} + \overline{CA} = 0$ oder $\overline{AB} = \overline{CB} - \overline{CA}.$

Diese Formel kann man aus der Fig. 2 ablesen, welche die

---

*) Es ist zweckmäßig, sich vorzustellen, daß die Gerade die eine der beiden Schienen ist, auf denen sich eine Lokomotive bewegt, die nicht umgedreht werden kann.

verschiedenen Arten, wie die Punkte A, B, C liegen können, veranschaulicht. Man muß dabei auf die Relation (1) Rücksicht nehmen.

Nach diesen Vorbereitungen können wir die Versinnlichung der Zahlen durch die Punkte einer Geraden, die wir die **Zahlenlinie** nennen, in folgender Weise bewerkstelligen. Wir wählen auf der Geraden (vgl. Fig. 1) einen festen **Anfangspunkt** O. Jedem Punkt P ordnen wir dann die Zahl

$$(3) \qquad x = \overline{OP}$$

zu und nennen sie seine **Abszisse**. Zwei verschiedene Punkte P und P_1 haben dann immer verschiedene Abszissen; denn aus $\overline{OP} = \overline{OP_1}$ folgt auf Grund der Formel (2) $\overline{PP_1} = 0$, also auch $|PP_1| = 0$. Ferner läßt sich, wenn eine Zahl x gegeben ist, stets P so wählen, daß $\overline{OP} = x$ wird. Ist $x = 0$, so fällt P mit O zusammen; ist x positiv, so gelangt man von O nach P durch eine Vorwärtsbewegung um x; ist x negativ, so gelangt man von O nach P durch eine Rückwärtsbewegung um $-x$. Durch Formel (3) ist also zwischen den Zahlen x und den Punkten P der Geraden eine Zuordnung getroffen, welche folgende Eigenschaften hat:

Jedem Punkt P entspricht eine Zahl x, seine Abszisse; verschiedene Punkte haben verschiedene Abszissen; jede Zahl x kommt als Abszisse eines Punktes vor.

Eine solche Zuordnung wollen wir eine **Abbildung** nennen. Es ist uns also gelungen, die Zahlen auf die Punkte einer Geraden abzubilden.

Sind x und x_1 die Abszissen der Punkte P bzw. P_1, so folgt aus (2):

$$\overline{PP_1} = x_1 - x.$$

Der Leser möge unter Benutzung dieser Formel die Abszisse des Mittelpunkts einer Strecke berechnen.

2. Um eine Versinnlichung der Zahlenpaare x, y zu gewinnen, ziehen wir in einer Ebene durch einen Punkt O, den wir den **Anfangspunkt** nennen, zwei verschiedene feste Geraden

Geometrische Darstellung der Zahlenpaare.

(Koordinatenachsen). Auf jeder von ihnen setzen wir eine positive Richtung fest (vgl. Fig. 3). Die eine Gerade möge die x-Achse, die andere die y-Achse heißen. Ist nun P ein beliebiger Punkt der Ebene, so ziehen wir durch ihn die beiden Parallelen zu den Achsen. Dadurch entsteht auf der x-Achse der Schnittpunkt X, auf der y-Achse der Schnittpunkt Y. Jetzt setzen wir*)

(4) $$x = \overline{OX} = \overline{YP} \quad y = \overline{OY} = \overline{XP}$$

und nennen x die x-Koordinate, y die y-Koordinate von P. Man sagt auch, x sei die Abszisse, y die Ordinate von P.

Jedem Punkt P der Ebene entspricht auf diese Weise ein Zahlenpaar x, y; die erste Zahl ist die Abszisse, die zweite die Ordinate von P. Zwei verschiedenen Punkten entsprechen offenbar verschiedene Zahlenpaare. Zu jedem Zahlenpaar x, y läßt sich ein Punkt finden, dessen Abszisse x und dessen Ordinate y ist.

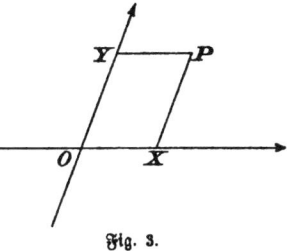

Fig. 3.

Es ist uns also gelungen, die Zahlenpaare x, y auf die Punkte der Ebene abzubilden. Diese Abbildung ist durch die Formeln (4) bestimmt.

3. Um eine Abbildung der Zahlentripel x, y, z auf die Punkte des Raumes zu gewinnen, zieht man durch einen Punkt O drei Geraden, x-Achse, y-Achse und z-Achse genannt, die nicht in einer Ebene liegen. Sie bestimmen paarweise drei Ebenen, die Koordinatenebenen. Ist P ein beliebiger Punkt des Raumes, so legt man durch ihn drei Ebenen parallel zu den Koordinatenebenen. Dadurch entsteht auf der x-Achse ein Schnittpunkt X, auf der y-Achse Y, auf der Z-Achse Z. Jetzt setzen wir

(5) $$x = \overline{OX}, \, y = \overline{OY}, \, z = \overline{OZ}.$$

Diese Formeln liefern, wie man leicht erkennt, eine Abbildung der Zahlentripel auf die Punkte des Raumes.

---

*) Hat man auf einer Geraden die positive Richtung festgesetzt, so pflegt man sie, wenn die Gerade eine Parallelverschiebung erfährt, ungeändert zu lassen. Nach Festsetzung der positiven Richtung auf den Koordinatenachsen ist also auch auf den zu ihnen parallelen Geraden die positive Richtung festgelegt.

§ 5. Geometrische Darstellung der Funktionen.

Wenn man eine Funktion $y = f(x)$ geometrisch darstellen will, so kann man die Abbildung der Zahlenpaare auf die Punkte der Ebene benutzen. Man sucht für jeden Wert*) der unabhängigen Veränderlichen x den Punkt auf, dessen Abszisse gleich x und dessen Ordinate gleich $f(x)$ ist. Diese Punkte erfüllen eine sogenannte Kurve. Sie heißt die Bildkurve der Funktion $f(x)$ und $y = f(x)$ die Gleichung dieser Kurve. Man kann, wenn die Bildkurve gezeichnet ist, aus ihr ablesen, welcher Wert der abhängigen Veränderlichen jedem Wert der unabhängigen entspricht.

Will man eine Funktion $z = f(x, y)$ geometrisch darstellen, so kann man die Abbildung der Zahlentripel auf die Punkte des Raumes benutzen. Zu jedem Wertsystem x, y sucht man den Punkt, dessen Koordinaten der Reihe nach gleich $x, y, f(x, y)$ sind. Diese Punkte erfüllen eine Fläche, die Bildfläche der Funktion $f(x, y)$, und $z = f(x, y)$ ist die Gleichung dieser Fläche.

Erwähnt sei noch die geometrische Darstellung eines Paares von Funktionen einer Veränderlichen, $y = f(x)$, $z = g(x)$. Man erhält sie dadurch, daß man für jeden Wert von x den Punkt aufsucht, dessen Koordinaten der Reihe nach gleich $x, f(x), g(x)$ sind. Diese Punkte erfüllen eine Kurve im Raum. Sie ist die Bildkurve des Funktionenpaares $f(x), g(x)$.

Solche geometrischen Darstellungen wie die oben auseinandergesetzten spielen auch in den Naturwissenschaften und in der Technik eine wichtige Rolle. Gewöhnlich legt man die Koordinatenachsen so, daß sie zueinander rechtwinklig sind. Man spricht in diesem Falle von rechtwinkligen cartesischen Koordinaten.

§ 6. Die elementaren Funktionen.

Die m-te Potenz von x (m eine positive ganze Zahl) ist offenbar eine Funktion von x; denn zu jedem Wert von x gehört ein ganz bestimmter Wert von x^m. Wenn $a_0, a_1, \cdots, a_m$ Konstanten vorstellen, so ist auch

$$a_0 x^m + a_1 x^{m-1} + \cdots + a_{m-1} x + a_m$$

---

*) In der Praxis muß man sich begnügen, dies für eine Anzahl von x-Werten auszuführen. Man erhält so eine angenäherte Darstellung der Bildkurve. Ähnliches gilt für die Bildfläche von $f(x, y)$.

eine Funktion von x. Eine solche Funktion heißt, wenn a_0 nicht null ist, eine **ganze rationale Funktion m-ten Grades**. Eine ganze rationale Funktion 0-ten Grades ist eine Konstante, ihre Bildkurve eine Parallele zur x-Achse. Die Bildkurve*) einer ganzen rationalen Funktion ersten Grades ist eine **gerade Linie**. Die Bildkurve einer ganzen rationalen Funktion zweiten Grades ist eine **Parabel**, eine Kurve, die der Leser von der Schule her kennen wird. Sie besteht aus allen Punkten, die von einer festen Geraden (der Leitlinie) und einem festen Punkt (dem Brennpunkt) gleich weit entfernt sind.

Ein Quotient aus zwei ganzen rationalen Funktionen, also ein Ausdruck von der Form

$$\frac{a_0 x^m + a_1 x^{m-1} + \cdots + a_{m-1} x + a_m}{b_0 x^n + b_1 x^{n-1} + \cdots + b_{n-1} x + b_n}$$

wird als **rationale Funktion** bezeichnet. Einen Spezialfall davon bilden die ganzen rationalen Funktionen.

Die reellen Wurzeln einer algebraischen Gleichung

$$y^n + r_1(x) y^{n-1} + \cdots + r_{n-1}(x) y + r_n(x) = 0,$$

deren Koeffizienten $r_1(x), \ldots, r_n(x)$ rationale Funktionen von x sind, sind Funktionen von x, die man als **algebraische Funktionen** bezeichnet. Die rationalen Funktionen sind ein Spezialfall von ihnen ($n = 1$).

Außer den algebraischen Funktionen rechnen wir noch einige nichtalgebraische oder **transzendente** zu den elementaren Funktionen. Zunächst ist es die **Exponentialfunktion** a^x, wobei a eine positive Konstante bedeutet**), und die Funktion **Logarithmus**.

Zu jedem positiven x gehört ein y derart, daß $a^y = x$ ist***). y heißt der Logarithmus von x zur Basis a und wird $^a\log x$ geschrieben. Die gebräuchlichen Logarithmentafeln beziehen sich auf die Basis 10. Der Leser möge versuchen die Bildkurven von a^x und $^a\log x$ für den Fall $a = 10$ zu zeichnen.

---

*) Wir wollen ein rechtwinkliges Achsensystem zu Grunde legen. Der Leser zeichne die Bildkurven von $y = 3x + 4$, $y = x^2$, indem er Millimeterpapier benutzt.

**) a^x ist immer positiv.

***) a ist positiv, darf aber nicht gleich 1 sein.

I. Funktionen, Grenzwerte, Reihen.

Betrachten wir ein rechtwinkliges Achsensystem. Wenn wir die x-Achse um einen rechten Winkel drehen, so wird sie mit der y-Achse zusammenfallen, und wenn wir in geeignetem Sinn gedreht haben, werden auch die positiven Richtungen der Achsen zusammenfallen. Dieser Drehungssinn, der in Fig. 4 durch einen Pfeil angedeutet ist, soll der positive heißen, der andere der negative. Wir wollen jetzt um den Anfangspunkt einen Kreis beschreiben, dessen Radius die Längeneinheit ist. Man nennt ihn den Einheitskreis. Er schneidet auf der x-Achse einen Punkt A aus, so daß $\overline{OA} = 1$ ist. Der Punkt A kann sich auf dem Einheitskreis in zwei verschiedenen Weisen bewegen. Wenn der Radius OA sich in positivem Sinn dreht, so sagen wir, daß A sich auf dem Kreise in positivem Sinne bewegt, andernfalls in negativem Sinne.

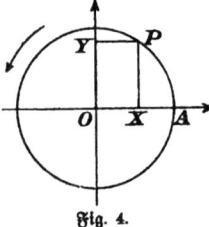

Fig. 4.

Beschreibt A, während er sich in positivem Sinne bewegt, ein Bogenstück von der Länge α, so sagen wir, daß er den Bogen α zurückgelegt hat; beschreibt A, während er sich in negativem Sinne bewegt, ein Bogenstück von der Länge α, so sagen wir, daß er den Bogen $-\alpha$ zurückgelegt hat.

Nach diesen Vorbereitungen ist es leicht, die beiden Funktionen Kosinus und Sinus, die der Leser aus der Trigonometrie kennt, zu definieren. Ist x gegeben, so lassen wir den Punkt A, den wir oben eingeführt haben, sich so bewegen, daß er den Bogen x zurücklegt. Er gelange dadurch nach P. Die Abszisse von P nennen wir $\cos x$ (Kosinus von x), die Ordinate $\sin x$ (Sinus von x). Es ist also

$$\overline{OX} = \cos x, \qquad \overline{OY} = \sin x.$$

Aus der Figur entnimmt man sofort die Relation

$$\cos^2 x + \sin^2 x = 1.$$

Von großer Wichtigkeit sind die beiden folgenden Formeln:

$$\cos(x + x') = \cos x \cos x' - \sin x \sin x',$$
$$\sin(x + x') = \sin x \cos x' + \cos x \sin x',$$

die in der Elementarmathematik bewiesen werden.

$\cos x$ und $\sin x$ gehören zu den trigonometrischen Funktionen. Außer diesen beiden erwähnen wir noch die trigonometrischen Funktionen tg x (Tangens von x) und cot x (Kotangens von x), welche in folgender Weise definiert sind:

$$\operatorname{tg} x = \frac{\sin x}{\cos x}, \quad \cot x = \frac{\cos x}{\sin x}.$$

Wir empfehlen dem Leser die Bildkurven von $\cos x$, $\sin x$, tg x, cot x zu zeichnen.

Es fehlen in der Aufzählung der elementaren Funktionen noch die sogenannten zyklometrischen Funktionen. Wenn x gegeben ist, so gibt es, falls x zwischen den Grenzen -1 und $+1$ liegt, immer zwischen 0 und*) π einen Bogen, dessen Kosinus gleich x ist. Ihn bezeichnet man mit arc cos x (Arkus= kosinus x, d. h. der Bogen mit dem Kosinus x). Ebenso gibt es zwischen $-\frac{\pi}{2}$ und $\frac{\pi}{2}$ einen Bogen, dessen Sinus gleich x ist. Ihn nennt man arc sin x (Arkussinus x, d. h. der Bogen mit dem Sinus x). In ähnlicher Weise werden arc tg x (Arkustangens x, d. h. der Bogen zwischen $-\frac{\pi}{2}$ und $\frac{\pi}{2}$, dessen Tangens gleich x ist) und arc cot x (Arkuskotangens x, d. h. der Bogen zwischen 0 und π, dessen Kotangens gleich x ist) definiert. Bei arc tg x und arc cot x darf x alle Werte annehmen, während bei arc cos x und arc sin x das x auf die Werte zwischen -1 und $+1$ (diese eingeschlossen) beschränkt war.

Auch diejenigen Funktionen, die sich aus einer endlichen Anzahl elementarer Funktionen zusammensetzen lassen, wie z. B. $\cos(ax+b)$, $\log(\sin^2 x)$ u. dgl., wollen wir elementare Funk= tionen nennen.

§ 7. Funktionen einer positiven ganzzahligen Veränderlichen. Zahlenfolgen.

y nannten wir eine Funktion von x, wenn zu jedem Wert von x ein Wert von y gehört. x braucht dabei keineswegs alle Werte anzunehmen, die es gibt; es kann vielmehr auf eine bestimmte Mannigfaltigkeit von Werten**) beschränkt sein. Diese Mannig= faltigkeit kann z. B. ein Intervall sein, d. h. aus allen Werten x bestehen, die den Ungleichungen $a \leq x \leq b$ genügen. Ein solches

---

*) π ist der halbe Umfang des Einheitskreises.
**) Auf der Zahlenlinie entspricht ihr eine Punktmenge.

Intervall*) bezeichnet man mit (a, b). Ist x nur an die Bedingung $x \geq a$ oder an die Bedingung $x \leq a$ gebunden, so spricht man von dem unendlichen Intervall (a, ∞) bzw. $(-\infty, a)$; das Zeichen ∞ liest man „Unendlich".

Die Mannigfaltigkeit von Werten (oder Wertmenge), in welcher x sich bewegt, kann aber auch von anderer Art sein, obwohl die oben betrachteten elementaren Funktionen alle in Intervallen definiert sind, z. B. arc cos x, arc sin x in $(-1, 1)$, log x im Innern des Intervalls $(0, \infty)$. Man kann sich für jede beliebige Wertmenge oder, wie man sich geometrisch ausdrückt, in **jeder Punktmenge auf der Zahlenlinie****) **eine Funktion definiert** denken; es braucht ja nur jedem Punkt der Punktmenge ein Wert y zugeordnet zu sein; denn das allein liegt in dem Funktionsbegriff.

Wir wollen jetzt eine Funktion $u(x)$ betrachten, bei der x auf die **positiven ganzen Zahlen** 1, 2, 3, ... **beschränkt ist*****), und statt $u(n)$ wollen wir kürzer u_n schreiben; u_n ist also der Funktionswert, welcher zu $x = n$ gehört. Schreibt man die Funktionswerte nacheinander auf, wie sie den x-Werten 1, 2, 3, ... entsprechen, so erhält man:

$$u_1, u_2, u_3, \ldots$$

Das ist eine sogenannte **Zahlenfolge** oder kurz eine **Folge**.
Wir wollen einige Beispiele für Zahlenfolgen besprechen.

Euklid bildet am Anfang des zehnten Buches seiner Elemente eine Zahlenfolge, indem er von einer gegebenen positiven Größe mehr als die Hälfte, von dem Rest wieder mehr als die Hälfte u. s. f. wegnimmt. Er bildet also eine Zahlenfolge $u_1, u_2, u_3, \ldots,$ bei der $0 < u_{n+1} < \frac{1}{2} u_n$ ist. Über diese Zahlenfolge beweist er einen Satz (Satz 1 des 10. Buches), auf den wir nachher noch zurückkommen werden.

Wenn man auf zwei inkommensurable positive Größen u_1 und u_2 das euklidische Teilerverfahren†) anwendet, so entsteht eine Folge

---

*) Auf der Zahlenlinie entspricht einem endlichen Intervall eine Strecke.
**) Dasselbe gilt für die Ebene und den Raum.
***) Eine Funktion von n positiven ganzzahligen Veränderlichen ist, wie man beweisen kann, nichts Allgemeineres als eine Funktion von einer solchen Veränderlichen.
†) Dieses besteht darin, daß man von der größeren u_1 so oft es geht die kleinere u_2 abzieht, den Rest u_3 so oft es geht von u_2, den so entstehenden Rest u_4 so oft es geht von u_3 usw. Ist z. B. $u_1 = 1$, $u_2 = \sqrt{2} - 1$, so lautet die Folge $u_1, u_2, u_3, \ldots$ so: 1, $(\sqrt{2} - 1)$, $(\sqrt{2} - 1)^2$, $(\sqrt{2} - 1)^3$, ...

$u_1, u_2, u_3, \ldots$, in welcher $u_{n+1} < u_n$ ist, ferner $u_{2n+2} < \frac{1}{2} u_{2n}$ und $u_{2n+1} < \frac{1}{2} u_{2n-1}$, so daß in diesem Falle $u_1, u_3, u_5, \ldots$ und $u_2, u_3, u_4, \ldots$, Folgen der soeben betrachteten Art sind.

Wenn man die Zahl $\frac{1}{9}$ bis auf eine, dann bis auf zwei, dann bis auf drei usw. Dezimalen berechnet, so erhält man die Zahlenfolge

0,1; 0,11; 0,111; 0,1111; ....

Wenn man den Umfang des dem Einheitskreis einbeschriebenen regulären Vierecks, dann den des regulären 8-ecks, 16-ecks, 32-ecks usw. berechnet, so erhält man eine Zahlenfolge, die in der Elementargeometrie bei der angenäherten Berechnung der Zahl π vorkommt.

Es ist oft bequem statt einer Zahlenfolge $u_1, u_2, u_3, \ldots$ ihr geometrisches Bild auf der Zahllinie zu betrachten. Da jede Zahl u_n auf der Zahllinie durch einen Punkt P_n (den Punkt mit der Abszisse u_n) versinnlicht wird, so entspricht der Zahlenfolge eine Punktfolge $P_1, P_2, P_3, \ldots$. Statt von Zahlenfolgen zu reden, können wir also von Punktfolgen auf einer Geraden reden*).

§ 8. Häufungsstellen einer Zahlenfolge.

$P_1, P_2, P_3, \ldots$ sei eine Punktfolge auf der Zahllinie**). Ein Punkt Q heißt eine Häufungsstelle dieser Punktfolge, wenn in beliebiger Nähe von Q unendlich viele Punkte der Folge liegen***). Das hat folgenden Sinn: Konstruieren wir (Fig. 5) um Q als Mittelpunkt ein Intervall $Q'Q''$ und unterdrücken wir in der Punktfolge alle Punkte, die nicht in das Intervall $Q'Q''$ fallen, so bleibt noch

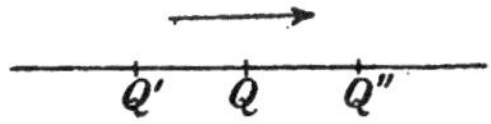

Fig. 5.

---

*) Eine Punktfolge in der Ebene ist äquivalent mit einer Folge von Zahlenpaaren: u_1, v_1; u_2, v_2; u_3, v_3; .... Eine Punktfolge im Raum ist äquivalent mit einer Folge von Zahlentripeln u_1, v_1, w_1; u_2, v_2, w_2; u_3, v_3, w_3; ....
**) Die Punkte der Folge brauchen keineswegs alle verschieden zu sein. Sie sind ja trotzdem mit Hilfe ihrer Indizes unterscheidbar. Z. B. ist $P, P, P, \ldots$ für uns auch eine Punktfolge. Sie hat die Häufungsstelle P.
***) Wenn $u_1, u_2, u_3, \ldots$ die zu $P_1, P_2, P_3, \ldots$ gehörige Zahlenfolge und u die Abszisse von Q ist, so sagen wir auch, u sei eine Häufungsstelle der Zahlenfolge.

eine Punktfolge übrig, (nicht etwa nur eine endliche Anzahl von Punkten); dies gilt immer, wie auch das Intervall $Q'Q''$ gewählt sein mag.

Es ist von großer Wichtigkeit, daß der Leser sich den Begriff Häufungsstelle völlig klar macht, weil dieser Begriff für das Folgende grundlegend ist.

§ 9. Beispiele.

Die Folge $1, \frac{1}{2}, \frac{1}{3}, \frac{1}{4}, \ldots$ hat die Häufungsstelle 0 (und sonst keine). Dasselbe gilt von den Zahlenfolgen Euklids, die wir oben erwähnt haben (S. 10). Die Folge 0,1; 0,11; 0,111; ... hat die Häufungsstelle $\frac{1}{9}$ und keine andere. Nimmt man den Umfang des dem Einheitskreis einbeschriebenen regulären 2^2-ecks, 2^3-ecks, ..., so entsteht eine Zahlenfolge, deren einzige Häufungsstelle 2π (der Umfang des Einheitskreises) ist. Die Folge $1, \frac{1}{2}, \frac{1}{3}, \frac{3}{4}, \frac{1}{5}, \frac{5}{6}, \frac{1}{7}, \ldots$ hat die beiden Häufungsstellen 0 und 1.

Es gibt auch Zahlenfolgen mit unendlich vielen Häufungsstellen, ja sogar solche, für welche jede Zahl eine Häufungsstelle ist. Jede rationale Zahl (d. h. jeden Bruch) können wir in der Form $\frac{p}{q}$ schreiben, wo p und q ganze Zahlen ohne gemeinsamen Teiler sind und q positiv ist. Ordnen wir diesem Bruch den Punkt mit den Koordinaten $x = q$, $y = p$ zu (in einem cartesischen Koordinatensystem), so erhalten wir in der Ebene eine Punktmenge $\mathfrak{P}$. In Fig. 6 sind die Punkte von $\mathfrak{P}$ durch Kreuze markiert. Betrachten wir überhaupt alle Punkte mit ganzzahligen Koordinaten, so gehören zu ihnen die Punkte $\mathfrak{P}$. Die Punkte mit ganzzahligen Koordinaten lassen sich aber als Punktfolge schreiben. In der Figur ist durch die starkgezogene Schneckenlinie angegeben, wie die Punkte aufeinander folgen.

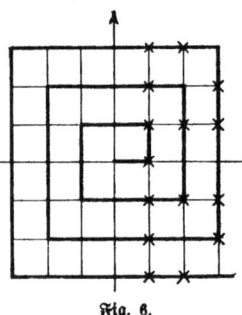

Fig. 6.

Unterdrücken wir in dieser Folge alle Punkte, die nicht durch Kreuze markiert sind, so erhalten wir eine Punktfolge, die aus den Punkten von $\mathfrak{P}$ besteht. Ersetzen wir jeden Punkt durch die zu ihm gehörige Zahl $\frac{p}{q}$, so erhalten wir eine Folge, in der alle rationalen Zahlen vorkommen und jede nur ein=

mal. In beliebiger Nähe jeder Zahl liegen aber unendlich viele rationale Zahlen. Also ist für unsere Folge jede Zahl eine Häufungsstelle.

§ 10. Satz von Weierstraß.

Liegt eine Zahlenfolge in einem endlichen Intervall, so hat sie wenigstens eine Häufungsstelle.

Die Zahlenfolge liege in dem Intervall (a, b), so daß also alle ihre Zahlen größer oder gleich a und kleiner oder gleich b sind. Wir nehmen eine ganze Zahl m, die kleiner als a ist, und wählen die ganze Zahl n so, daß $m+n$ größer als b ist. Dann liegen alle Zahlen der Folge zwischen den beiden ganzen Zahlen m und $m+n$.

Unter den Intervallen

$$(m, m+1), \quad (m+1, m+2), \ldots, \quad (m+n-1, m+n)$$

muß es nun wenigstens eins geben, welches unendlich viele Glieder der Folge enthält. Würde nämlich jedes dieser Intervalle nur eine endliche Anzahl solcher Glieder enthalten, so gäbe es auch in $(m, m+n)$ nur eine endliche Anzahl; wir wissen aber, daß zwischen m und $m+n$ alle Glieder der Folge liegen. Es gibt also sicher eine ganze Zahl k, so daß in das Intervall

J) $\qquad (k, k+1)$

unendlich viele Glieder der Folge fallen. Teilen wir J in zehn gleiche Teilintervalle

$$\left(k, k+\frac{1}{10}\right), \quad \left(k+\frac{1}{10}, k+\frac{2}{10}\right), \ldots \left(k+\frac{9}{10}, k+1\right),$$

so muß es unter ihnen wenigstens eins geben, etwa

$J_1)\qquad \left(k+\dfrac{k_1}{10},\ k+\dfrac{k_1+1}{10}\right),$

welches ebenso wie J unendlich viele Glieder der Folge enthält. Unter den zehn gleichen Teilintervallen von J_1:

$$\left(k+\frac{k_1}{10},\ k+\frac{k_1}{10}+\frac{1}{100}\right), \ldots, \left(k+\frac{k_1}{10}+\frac{9}{100},\ k+\frac{k_1+1}{10}\right)$$

muß es wieder eins geben, etwa

$J_2)\qquad \left(k+\dfrac{k_1}{10}+\dfrac{k_2}{100},\ k+\dfrac{k_1}{10}+\dfrac{k_2+1}{100}\right),$

worin wie in J und J_1 unendlich viele Glieder unserer Folge liegen. So können wir unbegrenzt fortfahren. Die Zahlen k_1, k_2, k_3, ... die dabei auftreten, gehören sämtlich der Reihe 0, 1, 2, 3, 4, 5, 6, 7, 8, 9 an.

Der Leser ist daran gewöhnt jeden unendlichen Dezimalbruch als eine Zahl zu betrachten.

Nehmen wir nun die Zahl

$$u = k + 0, k_1 k_2 k_3 \ldots,$$

so erweist sie sich als eine Häufungsstelle unserer Zahlenfolge. Denn u liegt in dem Intervall J_n, dessen Länge gleich $\left(\dfrac{1}{10}\right)^n$ ist. Konstruiert man um u als Mitte ein beliebiges Intervall $(u - \varepsilon, u + \varepsilon)$, so wird, wenn man n genügend groß wählt, J_n in diesem Intervall enthalten sein. In J_n liegen aber unendlich viele Zahlen der Folge, mithin auch in $(u - \varepsilon, u + \varepsilon)$.

§ 11. Konvergente Zahlenfolgen. Grenzwerte.

Auf Grund des Weierstraßschen Satzes wissen wir, daß eine in einem endlichen Intervall (a, b) befindliche Zahlenfolge u_1, u_2, u_3, ... wenigstens eine Häufungsstelle hat. Wir wollen jetzt den ausgezeichneten Fall betrachten, daß nur eine Häufungsstelle da ist (die wir u nennen). Konstruieren wir um u als Mitte ein beliebiges Intervall $(u - \varepsilon, u + \varepsilon)$, so kann außerhalb desselben nur eine endliche Anzahl von Gliedern der Folge liegen. Bliebe nämlich nach Unterdrückung aller Glieder, die in $(u - \varepsilon, u + \varepsilon)$ enthalten sind, noch eine Folge übrig, so hätte diese nach dem Weierstraßschen Satze eine Häufungsstelle, die sicher von u verschieden wäre. Die ursprüngliche Folge hätte dann mehr als eine Häufungsstelle gegen die Voraussetzung. Wir können somit folgendes aussagen:

Wählt man eine beliebige positive Größe ε, so liegen **mit einer endlichen Anzahl von Ausnahmen alle** Glieder der Folge zwischen $u - \varepsilon$ und $u + \varepsilon$.

Wenn die Glieder einer Folge mit einer endlichen Anzahl von Ausnahmen eine gewisse Eigenschaft haben, so wollen wir kurz sagen, daß „fast alle" Glieder der Folge diese Eigenschaft haben.

Wir können demnach unsere obige Aussage auch so formulieren:

„Fast alle" Glieder der Folge erfüllen die Un=
gleichung*)
$$|u - u_n| < \varepsilon,$$
wie auch die positive Größe ε gewählt sein mag.

Steht eine Folge $u_1, u_2, u_3, \ldots$ zu einer Zahl u in der an=
gegebenen Beziehung, so nennt man sie konvergent und sagt, daß
u ihr Grenzwert ist, oder auch, daß die Folge nach u konver=
giert, oder endlich, daß u_n bei unendlich zunehmendem n nach
u konvergiert (den Grenzwert u hat, dem Grenzwert u zustrebt).
Man drückt dies durch die Formel aus:
$$\lim_{n=\infty} u_n = u.$$
lim ist der Anfang des lateinischen Wortes limes (Grenze). Man
liest die Formel so: limes u_n (oder limes von u_n) für unendliches
n gleich u.

Die oben erwähnten Zahlenfolgen Euklids konvergieren (wie
er selbst in Satz 1 und Satz 2 des 10. Buches beweist) nach 0.
Der Umfang des dem Einheitskreis einbeschriebenen regulären 2^n=ecks
konvergiert bei unendlich zunehmendem n nach 2π.

Jetzt wollen wir noch zeigen, daß die zu Anfang betrach=
teten Folgen (die in einem endlichen Intervall liegen und nur eine
Häufungsstelle haben) die einzigen konvergenten Folgen sind.

$u_1, u_2, u_3, \ldots$ sei eine konvergente Zahlenfolge mit dem Grenz=
wert u. Wir wissen, daß alle Glieder der Folge mit einer endlichen
Anzahl von Ausnahmen zwischen $u - \varepsilon$ und $u + \varepsilon$ liegen. Wählen
wir nun a kleiner als die Ausnahmeglieder und zugleich kleiner als
$u - \varepsilon$, ferner b größer als die Ausnahmeglieder und zugleich größer
als $u + \varepsilon$, so liegen alle Glieder der Folge zwischen a und b. Gäbe
es außer u (welches offenbar eine Häufungsstelle ist) noch eine andere
Häufungsstelle v, so müßten unendlich viele Glieder der Folge
zwischen $v - \varepsilon$ und $v + \varepsilon$ liegen. Ist ε so klein, daß die Inter=
valle $(u - \varepsilon, u + \varepsilon)$ und $(v - \varepsilon, v + \varepsilon)$ ganz getrennt sind, so
kann das nicht sein, weil außerhalb von $(u - \varepsilon, u + \varepsilon)$ nur eine
endliche Anzahl von Gliedern der Folge liegt. u ist also die einzige
Häufungsstelle.

Bemerkungen. Wenn die Folge $u_1, u_2, u_3, \ldots$ nach u kon=
vergiert, und man fügt eine endliche Anzahl beliebiger Glieder

---

*) Mit $|x|$ bezeichnet man den absoluten Betrag von x. Es
ist also $|x| = x$, wenn x positiv, $|x| = -x$, wenn x negativ ist.

hinzu, so entsteht eine neue Folge, die auch nach u konvergiert. In der Tat liegen die Glieder der neuen Folge, ebenso wie die der alten, „fast alle" zwischen $u-\varepsilon$ und $u+\varepsilon$.

Unterdrückt man in $u_1, u_2, u_3, \ldots$ eine endliche Anzahl von Gliedern (oder auch unendlich viele, aber so, daß noch unendlich viele übrig bleiben), so konvergiert die neue Folge auch nach u.

Eine konvergente Folge bleibt konvergent und behält denselben Grenzwert, wenn man die Reihenfolge der Glieder ändert.

Ist $\lim u_n = c$ und $\lim v_n = c$, so hat auch die Folge $u_1, v_1, u_2, v_2, u_3, v_3, \ldots$ den Grenzwert c.

§ 12. Einfachste Sätze über Grenzwerte.

1. Wenn
$$\lim u_n = u, \quad \lim v_n = v$$
ist*), so wird
$$\lim (u_n + v_n) = u + v.$$

Es liegen nämlich „fast alle" u_n zwischen $u - \frac{\varepsilon}{2}$ und $u + \frac{\varepsilon}{2}$**), ebenso „fast alle" v_n zwischen $v - \frac{\varepsilon}{2}$ und $v + \frac{\varepsilon}{2}$, folglich „fast alle" $u_n + v_n$ zwischen $(u+v) - \varepsilon$ und $(u+v) + \varepsilon$.

2. Wenn
$$\lim u_n = u, \quad \lim v_n = v$$
ist, so wird
$$\lim (u_n \cdot v_n) = u \cdot v.$$

„Fast alle" u_n, v_n erfüllen die Ungleichungen
$$|u - u_n| < \varepsilon, \quad |v - v_n| < \varepsilon.$$

Nun ist
$$uv - u_n v_n = (u - u_n) v + (v - v_n) u_n,$$
also***)
$$|uv - u_n v_n| \leq |u - u_n||v| + |v - v_n||u_n|$$
$$\leq |u - u_n||v| + |v - v_n||u| + |u - u_n||v - v_n|.$$

---

*) Wir lassen der Kürze halber $n = \infty$ unter dem Symbol lim fort.
**) ε ist eine beliebig gewählte positive Größe.
***) Wir benutzen hier den leicht beweisbaren Satz: $|a+b| \leq |a| + |b|$. Daraus folgt auch (weil $u_n = u + u_n - u$ ist) $|u_n| \leq |u| + |u - u_n|$.

Sätze über Grenzwerte.

„Fast alle" Produkte $u_n v_n$ erfüllen somit die Ungleichung
$$|uv - u_n v_n| \leqq \varepsilon (|u| + |v|) + \varepsilon^2.$$
Wählen wir, wenn ε' eine beliebig gegebene Größe ist, ε kleiner als 1 und kleiner als $\varepsilon' : (|u| + |v| + 1)$, so wird für „fast alle" $u_n v_n$
$$|uv - u_n v_n| < \varepsilon'.$$

Folgerungen. Wenn a eine Konstante und $\lim u_n = u$ ist, so wird $\lim (a \cdot u_n) = a \cdot u$. Man braucht nur in dem Obigen alle v_n gleich a, also auch v gleich a, anzunehmen. Setzt man $a = -1$, so ergibt sich $\lim (-u_n) = -u$. Mit Hilfe von Satz 1 folgt $\lim (u_n - v_n) = u - v$, falls $\lim u_n = u$, $\lim v_n = v$ ist.

3. Wenn
$$\lim u_n = u \text{ und } u \text{ nicht null}$$
ist, so wird*)
$$\lim \frac{1}{u_n} = \frac{1}{u}.$$

Wir wählen die positive Größe ε kleiner als $\frac{1}{2} |u|$, aber sonst beliebig. Dann erfüllen „fast alle" u_n die Ungleichung
$$|u - u_n| < \varepsilon;$$
diese u_n sind (weil $\varepsilon < \frac{1}{2} |u|$) ihrem Betrage nach größer als $\frac{1}{2} |u|$. Dividieren wir also durch $|u| |u_n|$, so ergibt sich
$$\left| \frac{1}{u} - \frac{1}{u_n} \right| < \frac{\varepsilon}{|u| |u_n|} < \frac{2\varepsilon}{u^2}.$$
Ist ε' eine beliebig gegebene positive Größe, so brauchen wir nur $\varepsilon < \frac{\varepsilon' u^2}{2}$ zu machen, um zu erreichen, daß für „fast alle" u_n
$$\left| \frac{1}{u} - \frac{1}{u_n} \right| < \varepsilon'$$
wird.

Folgerung. Wenn $\lim u_n = u$, $\lim v_n = v$ und u ungleich Null ist, so hat man
$$\lim \frac{v_n}{u_n} = \frac{v}{u}.$$

---

*) Alle u_n seien ungleich Null.

In der Tat ist
$$\frac{v_n}{u_n} = v_n \cdot \frac{1}{u_n}$$
also nach Satz 2 und 3
$$\lim \frac{v_n}{u_n} = v \cdot \frac{1}{u} = \frac{v}{u}.$$

Die oben bewiesenen Sätze sagen aus, daß der Grenzwert einer Summe gleich der Summe der Grenzwerte, der Grenzwert einer Differenz gleich der Differenz der Grenzwerte, der Grenzwert eines Produktes gleich dem Produkt der Grenzwerte, der Grenzwert eines Quotienten gleich dem Quotienten der Grenzwerte ist (falls der Nenner dieses letzten Quotienten nicht verschwindet). Der Summen- und der Produktsatz lassen sich leicht für eine beliebige endliche Anzahl von Summanden bzw. Faktoren beweisen. Z. B. folgt aus
$$\lim u_n = u, \quad \lim v_n = v, \quad \lim w_n = w$$
zunächst:
$$\lim (v_n + w_n) = v + w, \quad \lim (v_n \cdot w_n) = v \cdot w$$
und dann:
$$\lim (u_n + v_n + w_n) = \lim \{u_n + (v_n + w_n)\}$$
$$= u + (v + w) = u + v + w,$$
$$\lim (u_n \cdot v_n \cdot w_n) = \lim \{u_n \cdot (v_n \cdot w_n)\}$$
$$= u \cdot (v \cdot w) = u \cdot v \cdot w.$$

§ 13. Eine Eigenschaft der rationalen Funktionen.

Wir wollen zunächst eine ganze rationale Funktion
$$f(x) = a_0 x^m + a_1 x^{m-1} + \cdots + a_{m-1} x + a_m$$
betrachten. Ist $x_1, x_2, x_3, \ldots$ eine Zahlenfolge, die nach x konvergiert, d. h. ist $\lim x_n = x$, so ergibt sich aus den obigen Sätzen, daß
$$\lim f(x_n) = f(x)$$
ist. Wir nennen eine Funktion $f(x)$ für den Wert x*) stetig,

---
*) Oder an der Stelle x.

wenn aus $\lim x_n = x$ **immer** $\lim f(x_n) = f(x)$ folgt.*) Demnach dürfen wir sagen, daß die ganzen rationalen Funktionen durchweg (d. h. für jeden Wert von x) stetig sind.

Bilden wir nun einen Quotienten aus zwei ganzen rationalen Funktionen, z. B. aus $f(x)$ und aus

$$g(x) = b_0 x^n + b_1 x^{n-1} + \cdots + b_{n-1} x + b_n,$$

so erhalten wir die rationale Funktion $f(x) : g(x)$. Ist x ein Wert, für welchen $g(x)$ nicht verschwindet, so folgt aus $\lim x_n = x$

$$\lim \frac{f(x_n)}{g(x_n)} = \frac{f(x)}{g(x)}.$$

Eine rationale Funktion ist also für jeden Wert x stetig, der ihren Nenner nicht zum Verschwinden bringt.

Solche Werte x, für welche eine Funktion nicht stetig (oder, wie man sagt, unstetig) ist, nennt man Unstetigkeitsstellen der Funktion. Da $g(x)$ höchstens für n Werte von x verschwindet, so hat eine rationale Funktion nur eine endliche Anzahl von Unstetigkeitsstellen.

§ 14. Stetigkeit von $\sin x$, $\cos x$, $\operatorname{tg} x$, $\cot x$.

Aus der Definition von $\sin x$ und $\cos x$ ergibt sich leicht, daß

$$\lim \sin u_n = 0, \qquad \lim \cos u_n = 1$$

wird, falls $\lim u_n = 0$ ist. Hieraus folgt mit Hilfe der Formeln für $\cos(x + x')$ und $\sin(x + x')$ auf Seite 8 die Stetigkeit von $\sin x$ und $\cos x$ für jeden Wert von x. Ist nämlich $\lim x_n = x$ und setzt man $x_n = x + u_n$, so wird $\lim u_n = 0$ sein. Nun hat man aber nach den zitierten Formeln

$$\sin x_n = \sin x \cos u_n + \cos x \sin u_n,$$
$$\cos x_n = \cos x \cos u_n - \sin x \sin u_n,$$

folglich

$$\lim \sin x_n = \sin x, \qquad \lim \cos x_n = \cos x.$$

Auch $\operatorname{tg} x = \frac{\sin x}{\cos x}$ ist überall stetig mit Ausnahme der Stellen,

---

*) Wenn $f(x)$ und $g(x)$ an der Stelle x stetig sind, so gilt dasselbe von $f(x) + g(x)$, $f(x) - g(x)$, $f(x) \cdot g(x)$, $\frac{f(x)}{g(x)}$; im letzten Falle muß nur $g(x) \gtreqless 0$ sein. Das ergibt sich aus den Sätzen des § 12.

2*

an welchen $\cos x$ verschwindet. $\cos x$ verschwindet aber nur für die ungeraden Vielfachen von $\frac{\pi}{2}$ (b. h. für $x = \frac{\pi}{2}, \frac{3\pi}{2}, \frac{5\pi}{2}, \cdots$ und für $x = -\frac{\pi}{2}, -\frac{3\pi}{2}, -\frac{5\pi}{2}, \cdots$). Die ungeraden Vielfachen von $\frac{\pi}{2}$ sind also die einzigen Unstetigkeitsstellen von $\operatorname{tg} x$.

Ebenso sind die Vielfachen von π die einzigen Unstetigkeitsstellen von $\cot x = \frac{\cos x}{\sin x}$.

Auf die Stetigkeit der übrigen elementaren Funktionen kommen wir später zu sprechen.

§ 15. Monotone Folgen.

Eine Folge $u_1, u_2, u_3, \ldots$ heißt aufsteigend, wenn $u_1 \leq u_2 \leq u_3 \leq \ldots$, wenn also kein Glied größer ist als das folgende. Sie heißt absteigend, wenn $u_1 \geq u_2 \geq u_3 \geq \ldots$, wenn also kein Glied kleiner ist als das folgende. Beide Arten von Folgen bezeichnet man als monotone Folgen.

Es genügt, sich mit den aufsteigenden Folgen zu beschäftigen. Ist nämlich $u_1, u_2, u_3, \ldots$ eine absteigende Folge, so ist $-u_1, -u_2, -u_3, \ldots$ eine aufsteigende. Die Sätze über aufsteigende Folgen lassen sich daher sofort auf absteigende übertragen.

Ist $u_1, u_2, u_3, \ldots$ eine aufsteigende Folge, so kann es passieren, daß sie in einem endlichen Intervall liegt. Das ist der Fall, wenn sich eine Größe g angeben läßt, die alle u_n übertrifft; dann liegen nämlich alle u_n in dem Intervall (u_1, g). Wenn es kein solches g gibt, so wird jede (noch so große) Zahl von „fast allen" u_n übertroffen. Man sagt alsdann, daß u_n mit zunehmendem n über alle Grenzen wächst (nach Unendlich konvergiert) und schreibt $\lim_{n=\infty} u_n = \infty$.

Wir wollen uns jetzt mit dem Fall beschäftigen, daß eine Zahl g existiert, die alle Glieder der aufsteigenden Folge $u_1, u_2, u_3, \ldots$ übertrifft. Die Folge liegt dann in einem endlichen Intervall. Sie hat also nach dem Weierstraßschen Satze eine Häufungsstelle u. Dieses u darf von keinem u_n übertroffen werden. Wäre z. B. $u_\nu > u$, so könnten wir eine positive Größe ε wählen, die kleiner als $u_\nu - u$ ist. In das Intervall $(u - \varepsilon, u + \varepsilon)$ würde dann nur eine endliche Anzahl von Gliedern der Folge fallen, weil u_ν und um so mehr alle folgenden u_n größer als $u + \varepsilon$. Das widerspricht aber der charakteristischen Eigenschaft einer Häufungsstelle. Es darf also kein Glied der Folge größer als u sein. Hätte unsere Folge nun **zwei** Häufungsstellen u und v $(v > u)$, so würden, wenn ε positiv und kleiner als $v - u$ ist, in dem Intervall $(v - \varepsilon, v + \varepsilon)$ keine Glieder der Folge liegen. Das ist aber bei einer Häufungsstelle unmöglich. Unsere Folge hat also nur die **eine** Häufungsstelle u und es ist dann, wie wir wissen, $\lim u_n = u$. Damit ist folgender Satz bewiesen:

Eine monotone Zahlenfolge $u_1, u_2, u_3, \ldots$, die in einem endlichen Intervall liegt, ist immer konvergent.

Ist u ihr Grenzwert, so hat man $u_n \leq u$, wenn die Folge aufsteigend, und $u_n \geq u$, wenn sie absteigend ist.

§ 16. Beispiele.

1. a sei eine positive Größe. Wir wollen die 0-te, 1-te, 2-te, 3-te, ... Potenz von a bilden. Dadurch entsteht die Folge

$$1, a, a^2, a^3, \ldots$$

Wenn $a = 1$ ist, reduziert sie sich auf

$$1, 1, 1, 1, \ldots,$$

hat also den Grenzwert 1.

Wenn $a < 1$ ist, so ist unsere Folge eine absteigende. Da sie überdies in dem Intervall $(0, 1)$ liegt, so ist sie konvergent. Hat man nun

$$\lim a^n = b,$$

so ist offenbar auch

$$\lim a^{n-1} = b.$$

Andererseits ist

$$\lim a^n = \lim (a \cdot a^{n-1}) = a \cdot \lim a^{n-1},$$

also

$$b = ab \text{ oder } b(1-a) = 0$$

Da $a < 1$, so folgt $b = 0$. Damit ist bewiesen:

$$\lim a^n = 0. \qquad (0 < a < 1)$$

Wenn $a > 1$ ist, so wächst a^n bei zunehmendem n über alle Grenzen. Gäbe es nämlich eine Zahl g, so daß immer $a^n < g$

bliebe, dann wäre
$$\left(\frac{1}{a}\right)^n > \frac{1}{g},$$
während doch (wie wir wissen)
$$\lim \left(\frac{1}{a}\right)^n = 0$$
ist.

2. Bevor wir ein weiteres Beispiel behandeln, wollen wir den folgenden Hilfssatz beweisen, den man auch zur Erledigung des ersten Beispiels benutzen kann.

Wenn $1 + h > 0$ und $h \gtreqless 0$ ist*), so gilt für $n = 2, 3, \ldots$ die Ungleichung
$$(1+h)^n > 1 + nh.$$

Wir benutzen zum Beweise die sogenannte „vollständige Induktion". Zunächst überzeugen wir uns, daß die Ungleichung im Falle $n = 2$ richtig ist. In der Tat hat man
$$(1+h)^2 = 1 + 2h + h^2 > 1 + 2h.$$

Sodann beweisen wir, daß die Ungleichung für den Fall $n+1$ gilt, wenn sie für den Fall n richtig ist. Multiplizieren wir die als richtig angenommene Ungleichung
$$(1+h)^n > 1 + nh$$
auf beiden Seiten mit $1+h$, so kommt
$$(1+h)^{n+1} > (1+h)(1+nh) = 1 + (n+1)h + nh^2,$$
also
$$(1+h)^{n+1} > 1 + (n+1)h.$$

Jetzt dürfen wir unsern Hilfssatz als bewiesen betrachten, und wir wissen also, daß die Ungleichung $(1+h)^n > 1 + nh$ sicher gilt, wenn n eine der Zahlen $2, 3, 4, \ldots$ ist und h den Bedingungen $1 + h > 0$ und $h \gtreqless 0$ genügt.

Diese Bedingungen sind erfüllt, wenn wir in der angegebenen Ungleichung $h = -\frac{1}{n^2}$ setzen. Dann erhalten wir aber
$$\left(1 - \frac{1}{n^2}\right)^n > 1 - \frac{1}{n}$$

---

*) Der Fall ist $h = 0$ ist trivial.

ober*)
$$\frac{(n-1)^n (n+1)^n}{n^{2n}} > \frac{n-1}{n}$$

ober endlich
$$\left(\frac{n+1}{n}\right)^n > \left(\frac{n}{n-1}\right)^{n-1}$$

b. h.
$$\left(1+\frac{1}{n-1}\right)^{n-1} < \left(1+\frac{1}{n}\right)^n. \quad \text{(für } n=2, 3, 4, \ldots)$$

Daraus ergibt sich, daß die Folge
$$\left(1+\frac{1}{1}\right)^1, \left(1+\frac{1}{2}\right)^2, \left(1+\frac{1}{3}\right)^3, \ldots$$
eine aufsteigende ist.

Setzen wir in unserer Ungleichung $(1+h)^n > 1+nh$, worin wie bisher n eine der Zahlen $2, 3, 4, \ldots$ ist, $h=\frac{1}{n^2-1}$, so sind die Bedingungen $1+h>0$ und $h \gtreqless 0$ erfüllt, und wir erhalten:
$$\left(1+\frac{1}{n^2-1}\right)^n > 1+\frac{n}{n^2-1}$$

ober, da
$$\frac{n}{n^2-1} > \frac{n}{n^2}$$

ist,
$$\left(1+\frac{1}{n^2-1}\right)^n > 1+\frac{1}{n},$$

b. h.
$$\frac{n^{2n}}{(n-1)^n (n+1)^n} > \frac{n+1}{n},$$

also
$$\left(1+\frac{1}{n-1}\right)^n > \left(1+\frac{1}{n}\right)^{n+1}. \quad \text{(für } n=2, 3, 4, \ldots)$$

Daraus ergibt sich, daß die Folge
$$\left(1+\frac{1}{1}\right)^2, \left(1+\frac{1}{2}\right)^3, \left(1+\frac{1}{3}\right)^4, \ldots$$
eine absteigende ist.

Diese absteigende Folge liegt in dem Intervall $(0, 4)$. Sie

---

*) Wir benutzen hier, daß $a^2-b^2=(a-b)(a+b)$ ist.

ist also konvergent. Ihren Grenzwert wollen wir mit e bezeichnen:
$$\lim_{n=\infty} \left(1 + \frac{1}{n}\right)^{n+1} = e.$$

Nun ist
$$\lim_{n=\infty} \left(1 + \frac{1}{n}\right) = 1$$

also auch*)
$$\lim_{n=\infty} \left(1 + \frac{1}{n}\right)^n = e,$$

weil
$$\left(1 + \frac{1}{n}\right)^n = \frac{\left(1 + \frac{1}{n}\right)^{n+1}}{1 + \frac{1}{n}}.$$

Wir haben jetzt eine aufsteigende und eine absteigende Folge, die beide nach e konvergieren. Die Zahl e spielt in der höheren Analysis eine wichtige Rolle. Man benutzt sie als Basis eines Logarithmensystems; diese Logarithmen heißen die natürlichen Logarithmen; der natürliche Logarithmus einer Zahl x ist also diejenige Zahl y, welche die Gleichung $e^y = x$ erfüllt. Erst später werden wir einen bequemen Weg zur angenäherten Berechnung von e finden. Jetzt wissen wir nur, daß e zwischen

$$\left(1 + \frac{1}{n}\right)^n \text{ und } \left(1 + \frac{1}{n}\right)^{n+1}$$

liegt. Diese Zahlen sind aber für große Werte von n unbequem zu berechnen. Auf 6 Dezimalen berechnet wird e gleich $2,718\,281$.

Denken wir uns, daß der Zinsfuß 4 Prozent beträgt und daß nicht erst nach einem Jahr, sondern schon immer nach $\frac{1}{n}$ Jahr die Zinsen zum Kapital geschlagen und mit verzinst werden. 1 Mark wächst dann in $\frac{1}{n}$ Jahr zu $1 + \frac{0,04}{n}$, in 1 Jahr zu $\left(1 + \frac{1}{25n}\right)^n$ Mark und in 25 Jahren zu

$$\left(1 + \frac{1}{25n}\right)^{25n} \text{ Mark.}$$

Lassen wir n unbegrenzt zunehmen, so konvergiert diese Summe gegen e Mark. 1 Mark wächst also in 25 Jahren zu e Mark an,

---

*) Wir benutzen hier den Satz vom Grenzwert eines Quotienten.

wenn sozusagen in jedem Augenblick die Zinsen zum Kapital geschlagen und mit verzinst werden und der Zinsfuß 4 Prozent beträgt. Diese Bedeutung hat die Zahl e.

3. $a_1, a_2, a_3, \ldots$ sei eine Folge positiver Zahlen, die nicht ganz zu sein brauchen, und es sei $\lim a_n = \infty$ *).

Wir wollen die Folge
$$\left(1+\frac{1}{a_1}\right)^{a_1}, \left(1+\frac{1}{a_2}\right)^{a_2}, \left(1+\frac{1}{a_3}\right)^{a_3}, \ldots$$
untersuchen.

ν_n sei die größte ganze Zahl, die kleiner oder gleich a_n ist. Dann hat man, weil
$$0 \leq a_n - \nu_n < 1,$$
auch $\lim \nu_n = \infty$. Nun ist aber
$$1 + \frac{1}{\nu_n + 1} < 1 + \frac{1}{a_n} \leq 1 + \frac{1}{\nu_n},$$
also
$$\left(1+\frac{1}{\nu_n+1}\right)^{a_n} < \left(1+\frac{1}{a_n}\right)^{a_n} \leq \left(1+\frac{1}{\nu_n}\right)^{a_n}$$
und um so mehr
$$\left(1+\frac{1}{\nu_n+1}\right)^{\nu_n} < \left(1+\frac{1}{a_n}\right)^{a_n} < \left(1+\frac{1}{\nu_n}\right)^{\nu_n+1}.$$
Da
$$\left(1+\frac{1}{m+1}\right)^m \text{ und } \left(1+\frac{1}{m}\right)^{m+1},$$
unter m eine ganze Zahl verstanden, bei unendlich zunehmendem m nach e konvergieren, weil sie gleich
$$\frac{\left(1+\frac{1}{m+1}\right)^{m+1}}{1+\frac{1}{m+1}} \quad \text{bzw.} \quad \left(1+\frac{1}{m}\right)^m \left(1+\frac{1}{m}\right)$$
sind, so liegen diese Größen „fast alle" zwischen $e-\varepsilon$ und $e+\varepsilon$. Dasselbe gilt also, weil $\lim \nu_n = \infty$ ist, auch von den Größen
$$\left(1+\frac{1}{\nu_n+1}\right)^{\nu_n} \text{ und } \left(1+\frac{1}{\nu_n}\right)^{\nu_n+1},$$

---

*) Das bedeutet, daß jede Zahl g von „fast allen" a_n übertroffen wird.

mithin auch von den Größen
$$\left(1+\frac{1}{a_n}\right)^{a_n}.$$

Da dies für jedes positive ε zutrifft, so ist
$$\lim_{n=\infty}\left(1+\frac{1}{a_n}\right)^{a_n}=e.$$

4. $b_1, b_2, b_3, \ldots$ sei eine Folge negativer Zahlen (von denen keine gleich -1 ist) und es sei $\lim b_n = -\infty$ *). Die b_n brauchen nicht ganze Zahlen zu sein.

Wir wollen die Folge
$$\left(1+\frac{1}{b_1}\right)^{b_1}, \left(1+\frac{1}{b_2}\right)^{b_2}, \left(1+\frac{1}{b_3}\right)^{b_3}, \ldots$$
betrachten. Setzen wir $b_n = -(1+a_n)$, so wird
$$\left(1+\frac{1}{b_n}\right)^{b_n} = \left(\frac{a_n}{a_n+1}\right)^{-(a_n+1)} = \left(1+\frac{1}{a_n}\right)^{a_n}\left(1+\frac{1}{a_n}\right),$$
also, da $\lim a_n = \infty$ ist,
$$\lim_{n=\infty}\left(1+\frac{1}{b_n}\right)^{b_n} = e$$

Alles in allem können wir sagen, daß $\left(1+\frac{1}{\omega}\right)^{\omega}$ dem Grenzwert e zustrebt, wenn ω irgendwie (d. h. irgend eine Folge durchlaufend) nach ∞ oder nach $-\infty$ konvergiert. Es genügt sogar, daß $|\omega|$ nach ∞ konvergiert. Setzt man $\frac{1}{\omega} = h$, so konvergiert h (ohne jemals selbst null zu werden) nach Null und man hat
$$\lim\left\{(1+h)^{\frac{1}{h}}\right\} = e.$$

5. Wir wollen $a > 1$ annehmen und die Folge betrachten:
$$a; a^{\frac{1}{2}}; a^{\frac{1}{3}}, \ldots$$
Setzen wir
$$a^{\frac{1}{n}} = 1 + b_n,$$
so ist $b_n > 0$ und
$$a = (1+b_n)^n > 1 + nb_n$$
(nach der in Nr. 2 bewiesenen Ungleichung).

---
*) d. h. $\lim(-b_n) = \infty$.

Beispiele für Grenzwerte.

Hieraus folgt aber
$$b_n < \frac{a-1}{n} \text{ und } \lim b_n = 0.$$

Mithin ist
$$\lim a^{\frac{1}{n}} = 1.$$

Hat man $0 < a < 1$, so wird $\frac{1}{a} > 1$, mithin $\lim \left(\frac{1}{a}\right)^{\frac{1}{n}} = 1$, also auch wieder $\lim a^{\frac{1}{n}} = 1$.

Im Falle $a > 1$ ist die Folge $a, a^{\frac{1}{2}}, a^{\frac{1}{3}}, \ldots$ absteigend, im Falle $0 < a < 1$ aufsteigend. Im Falle $a = 1$ lautet sie $1, 1, 1, \ldots$, und es ist auch hier $\lim a^{\frac{1}{n}} = 1$.

Wir wollen jetzt $a > 1$ annehmen und unter $h_1, h_2, h_3, \ldots$ eine Folge positiver Zahlen mit dem Grenzwert 0 verstehen, so daß also $\lim h_n = 0$ ist. Die ganze Zahl ν sei so gewählt, daß $a^{\frac{1}{\nu}} < 1 + \varepsilon$ ist. Da es nur eine endliche Anzahl von h_n gibt, die der Ungleichung $h_n \geqq \frac{1}{\nu}$ genügen, so werden die Größen a^{h_n} „fast alle" den Ungleichungen

$$1 < a^{h_n} < a^{\frac{1}{\nu}} < 1 + \varepsilon$$

genügen. Das bedeutet aber, daß $\lim a^{h_n} = 1$ ist. Der Fall $0 < a < 1$ erledigt sich wie oben. Besteht die nach Null konvergierende Folge $h_1', h_2', h_3', \ldots$ aus lauter negativen Gliedern, so setzen wir $h_n' = -h_n$. Dann ist $h_n > 0$,

$$a^{h_n'} = \frac{1}{a^{h_n}} \text{ und } \lim a^{h_n'} = 1.$$

Wir sehen, daß $a^h \ (a > 0)$ immer dem Grenzwert 1 zustrebt, wie auch h nach Null konvergieren mag.

Auf Grund dieses Ergebnisses sind wir imstande zu beweisen, daß die Funktion a^x durchweg stetig ist. Hat man nämlich $\lim x_n = x$ und setzt man $x_n = x + h_n$, so ist $\lim h_n = 0$. Nun wird aber

$$\lim a^{x_n} = \lim (a^x \cdot a^{h_n}) = a^x \lim a^{h_n} = a^x.$$

Damit ist die Stetigkeit von a^x an der Stelle x bewiesen.

I. Funktionen, Grenzwerte, Reihen.

Die Funktion $y = {}^a\log x$ definierten wir durch die Gleichung $a^y = x$. Wir wollen, wie es üblich ist, die Basis a größer als 1 annehmen. Es sei nun $\lim x_n = x$ und alle x_n größer (kleiner) als x*), folglich die zugehörigen Logarithmen y_n größer (kleiner) als der Logarithmus y von x**). Wenn es nun unendlich viele y_n gäbe, die größer als $y + \varepsilon$ (kleiner als $y - \varepsilon$) sind, so wären die entsprechenden x_n größer als $a^{y+\varepsilon}$ (kleiner als $a^{y-\varepsilon}$), was wegen $\lim x_n = x$ unmöglich ist. Die Funktion ${}^a\log x$ ist also für jeden positiven Wert von x stetig.

6. $h_1, h_2, h_3, \ldots$ sei eine Zahlenfolge mit dem Grenzwert 0, es sei also $\lim h_n = 0$. Ferner sei $a > 0$. Wir bilden die Folge

$$\frac{a^{h_1}-1}{h_1}, \quad \frac{a^{h_2}-1}{h_2}, \quad \frac{a^{h_3}-1}{h_3}, \ldots \text{***})$$

Setzen wir
$$a^{h_n} = 1 + \varepsilon_n$$
so ist, wie wir wissen $\lim \varepsilon_n = 0$. Durch Logarithmieren ergibt sich:

$$h_n \log a = \log(1 + \varepsilon_n);$$

wir wollen als Basis die Zahl e benutzen, also mit natürlichen Logarithmen operieren; log bedeutet demnach soviel wie ${}^e\log$. Nach diesen Vorbereitungen wird

$$\frac{a^{h_n}-1}{h_n} = \frac{\varepsilon_n \log a}{\log(1+\varepsilon_n)} = \frac{\log a}{\log\left\{(1+\varepsilon_n)^{\frac{1}{\varepsilon_n}}\right\}},$$

und wir erhalten

$$\lim \frac{a^{h_n}-1}{h_n} = \log a \cdot \frac{1}{\lim \log\left\{(1+\varepsilon_n)^{\frac{1}{\varepsilon_n}}\right\}} = \log a.$$

Hierzu haben wir benutzt, daß $(1+\varepsilon_n)^{\frac{1}{\varepsilon_n}}$ den Grenzwert e hat und daß $\log x$ an der Stelle $x = e$ stetig ist.

Wir haben also den folgenden Satz:

$\dfrac{a^h-1}{h}$ $(a > 0)$ strebt dem Grenzwert $\log a$ (natürlicher

---
*) Es genügt solche Folgen zu betrachten.
**) x und die sämtlichen x_n seien positiv.
***) Wir schließen aus, daß irgend ein h_n gleich Null ist. Dann sind auch alle ε_n ungleich Null.

Beispiele für Grenzwerte.

Logarithmus von a) zu, wenn h irgendwie nach Null konvergiert (ohne selbst den Wert Null anzunehmen).

Wir haben hier ein (praktisch allerdings wenig brauchbares) Mittel zur Berechnung der natürlichen Logarithmen gewonnen.

7. h_1, h_2, h_3, ... sei eine Folge positiver Größen mit dem Grenzwert 0. Wir wollen annehmen, daß sie alle kleiner als $\frac{\pi}{2}$ sind, also kleiner als ein Viertel von dem Umfang des Einheitskreises.

In Fig. 7 ist der Einheitskreis dargestellt. Der Bogen AP_n, den wir stark gezeichnet haben, soll gleich h_n sein. $X_n P_n$ ist dann gleich $\sin h_n$, OX_n gleich $\cos h_n$, ebenso AT_n gleich $\operatorname{tg} h_n$. Der Flächeninhalt des Kreissektors AOP_n verhält sich zu dem Inhalt π des Einheitskreises wie der Bogen h_n zu dem Kreisumfang 2π; er ist also gleich $\frac{1}{2} h_n$. Das Dreieck $OX_n P_n$ hat den Inhalt $\frac{1}{2} \cos h_n \sin h_n$, das Dreieck OAT_n den Inhalt $\frac{1}{2} \operatorname{tg} h_n$.

Fig. 7.

Da der Kreissektor offenbar größer als das erste und kleiner als das zweite Dreieck ist, so haben wir

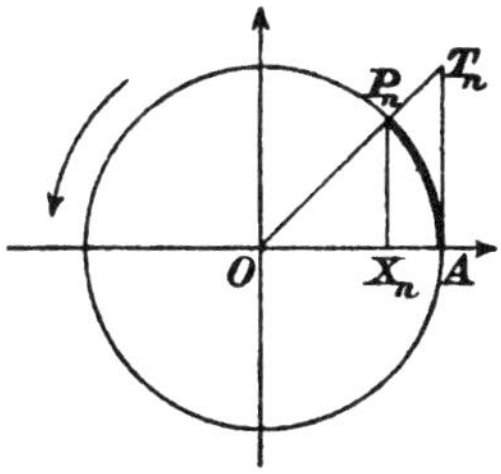

$$\frac{1}{2} \cos h_n \sin h_n < \frac{1}{2} h_n < \frac{1}{2} \frac{\sin h_n}{\cos h_n}.$$

Dividiert man durch $\frac{1}{2} \sin h_n$, so ergibt sich

$$\cos h_n < \frac{h_n}{\sin h_n} < \frac{1}{\cos h_n},$$

also

$$\frac{1}{\cos h_n} > \frac{\sin h_n}{h_n} > \cos h_n.$$

Nun ist aber

$$\lim \cos h_n = 1, \quad \lim \frac{1}{\cos h_n} = 1,$$

folglich auch*)

$$\lim \frac{\sin h_n}{h_n} = 1.$$

---

*) Wenn $\lim u_n = \lim w_n = c$ ist und v_n beständig zwischen u_n und w_n liegt, so ist auch $\lim v_n = c$. In der Tat liegen „fast alle"

Da $\frac{\sin(-x)}{-x} = \frac{\sin x}{x}$ ist, so können wir die Voraussetzung, daß alle h_n positiv sind, fallen lassen und haben somit folgendes Resultat:

$\frac{\sin h}{h}$ strebt dem Grenzwert 1 zu, wenn h irgendwie nach Null konvergiert (ohne selbst den Wert Null anzunehmen).

§ 17. Unendliche Reihen im allgemeinen.

Wenn eine beliebige Zahlenfolge $u_1, u_2, u_3, \ldots$ vorliegt, so kann man aus ihr eine neue Folge bilden, indem man zuerst u_1 hinschreibt, dann $u_1 + u_2$, dann $u_1 + u_2 + u_3$ usw. Setzt man
$$s_n = u_1 + u_2 + \cdots + u_n,$$
so lautet die neue Folge
$$s_1, s_2, s_3, \ldots$$

Es kann sein, daß diese Folge konvergent ist, daß also s_n einem Grenzwert s zustrebt. Wenn dies der Fall ist, so sagen wir, daß die unendliche Reihe
$$u_1 + u_2 + u_3 + \cdots$$
konvergent ist (konvergiert) und die Summe s hat, und wir schreiben:
$$s = u_1 + u_2 + u_3 + \cdots$$

Wenn die Folge $s_1, s_2, s_3, \ldots$ nicht konvergent ist, so sagen wir, daß die unendliche Reihe $u_1 + u_2 + u_3 + \cdots$ divergent ist (divergiert).

$s_1, s_2, s_3, \ldots$ nennen wir die Partialsummen (s_n die n-te Partialsumme) der unendlichen Reihe.

Aus der Definition der Konvergenz ergeben sich unmittelbar folgende Sätze:

1. Wenn $u_1 + u_2 + u_3 + \cdots$ konvergent ist, so ist auch $u_\nu + u_{\nu+1} + u_{\nu+2} + \cdots$ konvergent und umgekehrt.

2. Wenn $u_1 + u_2 + u_3 \ldots$ konvergent ist und die Summe s hat, so konvergiert auch die Reihe
$$(u_1 + \cdots + u_{n_1}) + (u_{n_1+1} + \cdots + u_{n_2}) + \cdots$$

---

u_n und „fast alle" w_n zwischen $c - \varepsilon$ und $c + \varepsilon$. Folglich gilt das auch von den v_n und zwar für jedes positive ε. Das bedeutet aber, daß $\lim v_n = c$ ist.

und hat die Summe s. Es folgt nämlich aus $\lim s_n = s$, daß auch die Folge
$$s_{n_1}, s_{n_2}, s_{n_3}, \ldots$$
nach s konvergiert.

3. Wenn
$$s = u_1 + u_2 + u_3 + \cdots,$$
so ist
$$as = au_1 + au_2 + au_3 + \cdots$$

4. Bei einer konvergenten Reihe muß $\lim u_n = 0$ sein; denn man hat $\lim s_n = s$, $\lim s_{n-1} = s$, folglich $\lim (s_n - s_{n-1}) = \lim u_n = 0$.

Die Bedingung $\lim u_n = 0$ ist übrigens für die Konvergenz der Reihe $u_1 + u_2 + u_3 + \cdots$ zwar notwendig, aber keineswegs hinreichend. Das zeigt uns das Beispiel der sogenannten harmonischen Reihe
$$1 + \frac{1}{2} + \frac{1}{3} + \frac{1}{4} + \cdots$$

Hier ist $u_n = \frac{1}{n}$, also $\lim u_n = 0$. Trotzdem konvergiert die Reihe nicht.

In der Tat ist die Summe der $2^n - 2^{n-1} = 2^{n-1}$ Glieder
$$\frac{1}{2^{n-1}}, \frac{1}{2^{n-1}+1}, \ldots, \frac{1}{2^n - 1}$$
größer als $2^{n-1} \cdot \frac{1}{2^n} = \frac{1}{2}$.

Summiert man die q ersten Gruppen dieser Art ($n = 1, 2, \ldots, q$), so erhält man eine Partialsumme der Reihe, die größer ist als $\frac{1}{2}q$, eine Zahl, welche wir beliebig groß machen können.

5. Es sei
$$s = u_1 + u_2 + u_3 + \cdots, \quad t = v_1 + v_2 + v_3 + \cdots$$
und
$$s_n = u_1 + u_2 + \cdots + u_n, \quad t_n = v_1 + v_2 + \cdots + v_n.$$
Dann ist
$$s + t = u_1 + v_1 + u_2 + v_2 + u_3 + v_3 + \cdots$$

In der Tat lautet die $2n$-te Partialsumme $s_n + t_n$, die $(2n-1)$-te $s_n + t_n - v_n$. Beide konvergieren offenbar nach $s + t$.

Ebenso ist
$$s - t = u_1 - v_1 + u_2 - v_2 + u_3 - v_3 + \cdots$$

§ 18. Beispiele.

1. Die geometrische Reihe*)
$$1 + q + q^2 + q^3 + \cdots$$
ist für $q = 1$ nicht konvergent, weil $s_n = n$ über alle Grenzen wächst. Ist $q \gtreqless 1$, so benutzen wir, daß
$$s_n = 1 + q + q^2 + \cdots + q^{n-1},$$
$$q s_n = q + q^2 + \cdots + q^{n-1} + q^n,$$
folglich
$$s_n(1 - q) = 1 - q^n,$$
also
$$s_n = \frac{1-q^n}{1-q} = \frac{1}{1-q} - \frac{q^n}{1-q}$$
ist. Im Falle $|q| > 1$ wächst $|s_n|$ über alle Grenzen, s_n hat also keinen Grenzwert. Im Falle $|q| < 1$ dagegen ist $\lim q^n = 0$, mithin
$$\lim s_n = \frac{1}{1-q}.$$

Wenn $q = -1$ ist, so sind $s_2, s_4, s_6, \ldots$ alle gleich Null, $s_1, s_3, s_5, \ldots$ alle gleich 1. Die Folge $s_1, s_2, s_3, \ldots$ hat also zwei Häufungsstellen.

---

*) Man bezeichnet so auch die allgemeinere Reihe $a + aq + aq^2 + \cdots$ Eine geometrische Reihe spielt bei dem berühmten Sophisma des Zeno von Elea eine Rolle: Achilles verfolgt eine Schildkröte und kann 12=mal so schnell laufen als sie. Die Schildkröte hat zu Anfang einen Vorsprung von 1 Stadion. Während Achilles diese Strecke durchläuft, legt die Schildkröte $\frac{1}{12}$ Stadion zurück, ihr Vorsprung beträgt dann also $\frac{1}{12}$ Stadion. Hat Achilles auch diese Strecke durchlaufen, so ist der Vorsprung der Schildkröte noch $\left(\frac{1}{12}\right)^2$ Stadion u. s. f. Achilles holt die Schildkröte also niemals ein, sagt Zeno. In Wirklichkeit holt er sie ein, nachdem er die Strecke $s = 1 + \frac{1}{12} + \left(\frac{1}{12}\right)^2 + \left(\frac{1}{12}\right)^3 + \cdots$ Stadien zurückgelegt hat, d. h. $1\frac{1}{11}$ Stadien.

Die geometrische Reihe $1 + q + q^2 + q^3 + \cdots$ konvergiert nur, wenn $|q| < 1$ ist, und man hat in diesem Falle

$$\frac{1}{1-q} = 1 + q + q^2 + q^3 + \cdots$$

2. Eine Reihe, deren Glieder abwechselnd positiv und negativ sind, heißt eine **alternierende Reihe**. Eine solche Reihe hat die Form

$$a_1 - a_2 + a_3 - a_4 + \cdots,$$

und die a sind alle positiv.

Es gibt gewisse alternierende Reihen, deren Konvergenz man sehr leicht beweisen kann. Das sind diejenigen, bei welchen $a_1, a_2, a_3, \ldots$ eine nach Null konvergierende absteigende Folge ist, also

$$a_1 \geq a_2 \geq a_3 \geq \cdots \quad \text{und} \quad \lim a_n = 0.$$

Wenn man die Partialsummen

$$s_1 = a_1, \ s_2 = a_1 - a_2, \ s_3 = a_1 - a_2 + a_3, \ldots$$

durch Punkte auf der Zahlenlinie darstellt, so bemerkt man, daß diese Punkte so liegen, wie es Fig. 8 andeutet. Danach bilden

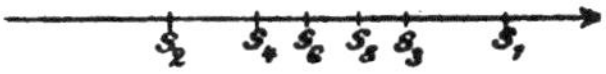

Fig. 8.

$s_1, s_3, s_5, \ldots$ eine **aufsteigende**,

$s_2, s_4, s_6, \ldots$ eine **absteigende**

Folge und beide Folgen liegen in dem Intervall (s_2, s_1). Sie sind also beide konvergent, und da

$$s_{2n-1} - s_{2n} = a_{2n},$$

folglich

$$\lim s_{2n-1} - \lim s_{2n} = \lim a_{2n} = 0$$

ist, so haben sie beide denselben Grenzwert s. Die Reihe

$$a_1 - a_2 + a_3 - \cdots$$

ist daher konvergent und hat die Summe s. Alle s_n mit ungeradem Index sind größer als s, alle mit geradem Index kleiner als s. Nehmen wir also zwei aufeinanderfolgende Partialsummen, so liegt s zwischen ihnen.

§ 19. Reihen mit positiven Gliedern.

Wenn alle Glieder einer unendlichen Reihe positiv sind, so bilden die Partialsummen eine aufsteigende Folge. Sobald man sich also überzeugt hat, daß s_n beständig kleiner bleibt als eine feste Zahl g, ist die Konvergenz der Reihe gesichert; denn s_n hat alsdann einen Grenzwert s.

Liegen zwei Reihen mit positiven Gliedern vor

$$u_1 + u_2 + u_3 + \cdots \quad \text{und} \quad v_1 + v_2 + v_3 + \cdots$$

und sind die Glieder der ersten kleiner oder gleich den entsprechenden Gliedern der zweiten, also

$$u_1 \leqq v_1, \ u_2 \leqq v_2, \ u_3 \leqq v_3, \ldots,$$

so folgt aus der Konvergenz der zweiten Reihe die der ersten, und wenn die erste Reihe divergiert, so divergiert auch die zweite.

Diese einfache Bemerkung benutzen wir zum Beweise des folgenden Konvergenzkriteriums, welches von b'Alembert herrührt.

Eine unendliche Reihe mit positiven Gliedern

$$u_1 + u_2 + u_3 + \cdots$$

ist konvergent, wenn es eine Zahl q gibt, die kleiner als 1 ist und „fast alle" Glieder der Folge

$$\frac{u_2}{u_1}, \ \frac{u_3}{u_2}, \ \frac{u_4}{u_3}, \ldots$$

übertrifft.

Wenn die Glieder dieser Folge „fast alle" größer oder gleich 1 sind, so konvergiert die Reihe nicht, weil nicht einmal $\lim u_n = 0$ ist.

Im ersten Falle bestehen mit einer endlichen Anzahl von Ausnahmen die Ungleichungen

$$\frac{u_{n+1}}{u_n} < q, \qquad (n = 1, 2, 3, \ldots)$$

Ist $\nu - 1$ der größte unter den Ausnahmeindizes, so haben wir

$$u_{\nu+1} < q u_\nu, \ u_{\nu+2} < q u_{\nu+1}, \ldots,$$

folglich

$$u_{\nu+1} < q u_\nu, \ u_{\nu+2} < q^2 u_\nu, \ldots$$

Aus der Konvergenz der Reihe $u_\nu + q u_\nu + q^2 u_\nu + \cdots$ folgt

Reihen mit positiven Gliedern.

auf Grund der obigen Bemerkung die der Reihe
$$u_\nu + u_{\nu+1} + u_{\nu+2} + \cdots,$$
also auch die der Reihe $u_1 + u_2 + u_3 + \cdots$

Im zweiten Falle bestehen mit einer endlichen Anzahl von Ausnahmen die Ungleichungen

$$\frac{u_{n+1}}{u_n} \geqq 1. \qquad (n = 1, 2, 3, \ldots)$$

Ist wieder $\nu - 1$ der größte der Ausnahmeindizes, so hat man
$$u_{\nu+1} \geqq u_\nu, \ u_{\nu+2} \geqq u_{\nu+1}, \ldots,$$
folglich
$$u_{\nu+1} \geqq u_\nu, \ u_{\nu+2} \geqq u_\nu, \ldots$$

Das widerspricht der für die Konvergenz notwendigen Bedingung $\lim u_n = 0$.

Wenn $\frac{u_{n+1}}{u_n}$ einen Grenzwert l hat, so ist die Reihe
$$u_1 + u_2 + u_3 + \cdots$$
im Falle $l < 1$ konvergent, im Falle $l > 1$ aber nicht; sie konvergiert auch nicht, wenn $\lim \frac{u_{n+1}}{u_n} = \infty$ ist. Wählt man nämlich im ersten Falle ε so klein, daß $q = l + \varepsilon$ auch noch kleiner als 1 ist, im zweiten Falle ε so klein, daß $l - \varepsilon$ auch noch größer als 1 ist, so sieht man (da „fast alle" $\frac{u_{n+1}}{u_n}$ zwischen $l - \varepsilon$ und $l + \varepsilon$ liegen), daß im ersten Falle die Ungleichungen $\frac{u_{n+1}}{u_n} < 1$ im zweiten (wie im dritten) Falle die Ungleichungen $\frac{u_{n+1}}{u_n} > 1$ mit einer endlichen Anzahl von Ausnahmen gelten.

Umordnung der Glieder.

$u_1 + u_2 + u_3 + \cdots$ sei eine Reihe mit positiven Gliedern, ebenso $v_1 + v_2 + v_3 + \cdots$ Beide mögen dieselben Glieder enthalten, nur in verschiedener Anordnung. Die zweite Reihe soll also aus der ersten durch eine gewisse Umordnung der Glieder entstanden sein. Die erste Reihe sei konvergent und habe die Summe s. Wir wollen beweisen, daß auch die zweite Reihe konvergiert und die Summe s hat. Zu jeder Partialsumme σ_n von $v_1 + v_2 + v_3 + \cdots$ gibt es eine größere $s_{n'}$ in $u_1 + u_2 + u_3 + \cdots$ Man braucht nur n' so groß zu wählen, daß in $s_{n'}$ die Glieder $v_1, v_2, \ldots, v_n$ alle vorkommen. Da die sonst in $s_{n'}$ noch auftretenden Glieder (wie überhaupt alle Glieder) positiv sind, so hat man $s_{n'} \geq \sigma_n$, folglich auch $s > \sigma_n$. Hieraus sieht man, daß die Reihe $v_1 + v_2 + v_3 + \cdots$ konvergiert, und wenn wir mit σ ihre Summe bezeichnen, so folgt aus $s > \sigma_n$ noch $s \geq \sigma$. Vertauscht man jetzt die Rollen der beiden Reihen, so findet man $\sigma \geq s$. Es ist daher $s = \sigma$.

Wir haben also den folgenden Satz gewonnen:

Wenn man in einer konvergenten Reihe mit positiven Gliedern die Glieder beliebig umordnet, so bleibt sie konvergent und die Summe der Reihe bleibt dieselbe.

§ 20. Absolut konvergente Reihen.

Man kann sich leicht überzeugen, daß die Konvergenz von $|u_1| + |u_2| + |u_3| + \cdots$ die Konvergenz von $u_1 + u_2 + u_3 + \cdots$ nach sich zieht. (Die u sind jetzt nicht mehr alle positiv.)

In der Tat ist

$$0 \leq \frac{|u_n| + u_n}{2} \leq |u_n|, \qquad 0 \leq \frac{|u_n| - u_n}{2} \leq |u_n|.$$

Also sind die Reihen

$$\frac{|u_1| + u_1}{2} + \frac{|u_2| + u_2}{2} + \frac{|u_3| + u_3}{2} + \cdots$$

und

$$\frac{|u_1| - u_1}{2} + \frac{|u_2| - u_2}{2} + \frac{|u_3| - u_3}{2} + \cdots$$

konvergent, folglich auch die durch Subtraktion entstehende Reihe $u_1 + u_2 + u_3 + \cdots$

Man nennt eine Reihe $u_1 + u_2 + u_3 + \cdots$ **absolut konvergent**, wenn die Reihe $|u_1| + |u_2| + |u_3| + \cdots$ konvergiert.

Umordnung der Glieder.

Eine absolut konvergente Reihe kann man, wie wir eben bemerkten, immer als Differenz zweier konvergenter Reihen mit positiven Gliedern darstellen. Man setzt*)

$$v_n = \frac{|u_n| + u_n}{2}, \qquad w_n = \frac{|u_n| - u_n}{2}$$

Dann sind, wie wir wissen, die Reihen $v_1 + v_2 + v_3 + \cdots$, $w_1 + w_2 + w_3 + \cdots$ konvergent und haben kein negatives Glied. Ferner ist

$$u_n = v_n - w_n,$$

also $u_1 + u_2 + u_3 + \cdots$ die Differenz der Reihen $v_1 + v_2 + v_3 + \cdots$ und $w_1 + w_2 + w_3 + \cdots$. Eine Umordnung der Glieder von $u_1 + u_2 + u_3 + \cdots$ läßt sich jetzt dadurch erreichen, daß man die entsprechende Umordnung in den beiden Reihen $v_1 + v_2 + v_3 + \cdots$ und $w_1 + w_2 + w_3 + \cdots$ vornimmt. Dabei behalten sie aber ihre Konvergenz und ihre Summen. Dasselbe gilt mithin von der Reihe $u_1 + u_2 + u_3 + \cdots$, und wir haben damit den folgenden Satz gewonnen:

Wenn man in einer absolut konvergenten Reihe die Glieder beliebig umordnet, so bleibt sie konvergent und die Summe der Reihe bleibt dieselbe.

§ 21. Produkt aus zwei absolut konvergenten Reihen.

Wir betrachten zunächst zwei konvergente Reihen mit positiven Gliedern

$$a_1 + a_2 + a_3 + \cdots \quad \text{und} \quad b_1 + b_2 + b_3 + \cdots$$

Die n-te Partialsumme der ersten heiße A_n, die der zweiten B_n; die Summe der ersten Reihe sei A, die der zweiten B.

Betrachten wir die Reihe

$$a_1 b_1 + a_1 b_2 + a_2 b_1 + a_1 b_3 + a_2 b_2 + a_3 b_1 + \cdots,$$

so kommen darin alle Produkte vor, die sich aus einem Glied der ersten und einem Glied der zweiten Reihe bilden lassen. Diese Produkte sind in der Weise geordnet, daß die Summe der Indizes der Faktoren zuerst 2, dann 3, dann 4, ... ist. Die Produkte mit der

---

*) Will man haben, daß keine der Größen v_n und w_n verschwindet, so setze man etwa

$$v_n = \left(\tfrac{1}{2}\right)^n + \frac{|u_n| + u_n}{2}, \qquad w_n = \left(\tfrac{1}{2}\right)^n + \frac{|u_n| - u_n}{2}.$$

Indizessumme $n+1$, also $a_1 b_n$, $a_2 b_{n-1}, \ldots$, $a_{n-1} b_2$, $a_n b_1$, sind so geschrieben, daß der Index von a wächst.

Nehmen wir irgend eine Partialsumme S_n der Reihe $a_1 b_1 + a_1 b_2 + a_2 b_1 + \cdots$, so läßt sich der Index μ so wählen, daß $S_n < A_\mu B_\mu$ ist.*) Daraus folgt

$$S_n < AB.$$

Die Partialsummen der Reihe $a_1 b_1 + a_1 b_2 + a_2 b_1 + \cdots$ sind also alle kleiner als AB, mithin ist die Reihe konvergent. Ihre Summe wollen wir mit S bezeichnen. Nehmen wir jetzt das Produkt $A_n B_n$, so läßt sich der Index ν so wählen, daß $A_n B_n < S_\nu$ ist.**) Daraus folgt

$$A_n B_n < S.$$

Die Ungleichung $S_n < AB$ zeigt, daß S (der Grenzwert von S_n) nicht größer als AB sein kann, die Ungleichung $A_n B_n < S$, daß AB (der Grenzwert von $A_n B_n$) nicht größer als S sein kann.

Es ist folglich $S = AB$.

Da die Reihe $a_1 b_1 + a_1 b_2 + a_2 b_1 + \cdots$ aus lauter positiven Gliedern besteht, so dürfen wir diese Glieder beliebig umordnen, ohne daß ihre Summe sich ändert.

Jetzt seien

$$u_1 + u_2 + u_3 + \cdots \quad \text{und} \quad v_1 + v_2 + v_3 + \cdots$$

zwei absolut konvergente Reihen mit den Summen s bzw. t. Wir wissen, daß sich eine absolut konvergente Reihe immer als Differenz von zwei konvergenten Reihen mit positiven Gliedern darstellen läßt.

$u_1 + u_2 + u_3 + \cdots$ sei die Differenz der Reihen

$$a_1 + a_2 + a_3 + \cdots \quad \text{und} \quad b_1 + b_2 + b_3 + \cdots$$

mit den Summen A und B, also $u_n = a_n - b_n$, $s = A - B$. Ebenso sei $v_1 + v_2 + v_3 + \cdots$ die Differenz der Reihen

$$c_1 + c_2 + c_3 + \cdots \quad \text{und} \quad d_1 + d_2 + d_3 + \cdots$$

mit den Summen C und D, also $v_n = c_n - d_n$, $t = C - D$.

---

*) Wenn μ genügend groß ist, so kommen in dem ausgerechneten Produkt $A_\mu B_\mu$ sicher alle Glieder von S_n vor.

**) Wenn ν genügend groß ist, so kommen in S_ν alle Glieder des ausgerechneten Produktes $A_n B_n$ vor.

Nach dem Obigen hat man:
$$AC = a_1 c_1 + a_1 c_2 + a_2 c_1 + \cdots,$$
$$AD = a_1 d_1 + a_1 d_2 + a_2 d_1 + \cdots,$$
$$BC = b_1 c_1 + b_1 c_2 + b_2 c_1 + \cdots,$$
$$BD = b_1 d_1 + b_1 d_2 + b_2 d_1 + \cdots,$$

folglich
$$st = AC + BD - BC - AD = u_1 v_1 + u_1 v_2 + u_2 v_1 + \cdots,$$
weil
$$a_1 c_1 + b_1 d_1 - b_1 c_1 - a_1 d_1 = (a_1 - b_1)(c_1 - d_1) = u_1 v_1$$
ist usw.

Die Reihe rechts ist nicht nur konvergent, sondern auch absolut konvergent. Das allgemeine Glied in der konvergenten Reihe, die man für $AC + AD + BC + BD$ erhält, d. h.
$$(a_i c_k + a_i d_k + b_i c_k + b_i d_k),$$
ist nämlich größer als der Betrag von $u_i v_k$, weil $|u_i| < a_i + b_i$ und $|v_k| < c_k + d_k$.

Man darf daher in der Reihe $u_1 v_1 + u_1 v_2 + u_2 v_1 + \cdots$ die Glieder beliebig umordnen, ohne daß sie aufhört zu konvergieren und die Summe st zu haben. Wir haben also folgenden Satz:

$u_1 + u_2 + u_3 + \cdots$ und $v_1 + v_2 + v_3 + \cdots$ seien absolut konvergent. s sei die Summe der ersten, t die der zweiten Reihe. Bildet man eine Reihe, deren Glieder die sämtlichen Produkte $u_i v_k$[*]) sind ($i = 1, 2, 3, \ldots$; $k = 1, 2, 3, \ldots$), so ist diese Reihe absolut konvergent und hat die Summe st.

Beispiel. Wir wissen, daß die Reihe
$$1 + q + q^2 + \cdots$$
unter der Bedingung $|q| < 1$ absolut konvergent ist und die Summe $\dfrac{1}{1-q}$ hat, so daß
$$\left(\frac{1}{1-q}\right)^2 = (1 + q + q^2 + \cdots)(1 + q + q^2 + \cdots).$$

---
[*]) (jedes nur einmal vorkommend).

Die Glieder $u_i v_k$ lauten hier

$$1, q, q^2, q^3, \cdots,$$
$$q, q^2, q^3, \cdots,$$
$$q^2, q^3, \cdots,$$
$$q^3, \cdots,$$
$$\cdots \cdots$$

Es ist also:

$$\left(\frac{1}{1-q}\right)^2 = 1 + 2q + 3q^2 + 4q^3 + \cdots$$

Multiplizieren wir diese (absolut konvergente) Reihe noch einmal mit $1 + q + q^2 + \cdots$, so ergibt sich eine Reihe für $\left(\frac{1}{1-q}\right)^3$ usf.

§ 22. Potenzreihen.

Die geometrische Reihe gehört zu den sogenannten Potenzreihen. Eine Potenzreihe ist eine Reihe, deren Glieder die sukzessiven Potenzen einer Zahl x sind, jede mit einem Faktor versehen. Eine solche Reihe hat also folgende Gestalt:

$$a_0 + a_1 x + a_2 x^2 + a_3 x^3 + \cdots.$$

Die $a_0, a_1, a_2, \ldots$ heißen die Koeffizienten der Potenzreihe. Bei der geometrischen Reihe haben sie alle denselben Wert.

Wenn eine Potenzreihe vorliegt (d. h. ihre Koeffizienten bekannt sind), so kann man fragen: **Für welche Werte von x ist die Reihe konvergent?** Diese Werte bilden den **Konvergenzbereich** der Reihe.

Es gibt Potenzreihen, die für alle Werte von x konvergieren. Das sind die sogenannten **beständig konvergenten** Potenzreihen. Eine solche Reihe ist die folgende*):

$$1 + \frac{x}{1!} + \frac{x^2}{2!} + \frac{x^3}{3!} + \cdots$$

Bezeichnen wir die Glieder mit $u_1, u_2, u_3, \ldots$, so wird

$$\left|\frac{u_{n+1}}{u_n}\right| = \frac{|x|}{n}.$$

---

*) $n!$ ist das Produkt der n Zahlen $1, 2, \ldots, n$.

Potenzreihen.

Es ist folglich $\lim \left|\frac{u_{n+1}}{u_n}\right| = 0$, und wir können auf Grund des b'Alembertschen Kriteriums (vgl. S. 34) schließen, daß $|u_1| + |u_2| + |u_3| + \cdots$ konvergiert. Die betrachtete Potenzreihe ist also für jeden Wert von x absolut konvergent. Ihre Summe ist, wie wir später sehen werden, gleich e^x.

Es gibt auch Potenzreihen, die nur für $x = 0$ konvergieren.*) Eine solche Reihe ist die folgende:

$$1 + 1! \, x + 2! \, x^2 + 3! \, x^3 + \cdots$$

Hier ist nämlich $\lim \left|\frac{u_{n+1}}{u_n}\right| = \infty$, sobald $x \gtreqless 0$. Es ist also nicht einmal $\lim u_n = 0$. (Vgl. S. 34.)

Wenn eine Potenzreihe $a_0 + a_1 x + a_2 x^2 + \cdots$ für einen von Null verschiedenen Wert x_0 konvergiert, so ist sicher $\lim a_n x_0^n = 0$. Eine konvergente Zahlenfolge läßt sich aber, wie wir wissen (vgl. S. 15), in ein endliches Intervall einschließen. Es gibt also eine Zahl g, so daß alle Glieder $a_n x_0^n$ ihrem Betrage nach kleiner als g sind. Nun schreiben wir

$$a_n x^n = a_n x_0^n \left(\frac{x}{x_0}\right)^n.$$

Dann ist

$$\left|a_n x^n\right| < g \left|\frac{x}{x_0}\right|^n$$

Im Falle $|x| < |x_0|$ konvergiert also die Reihe

$$|a_0| + |a_1 x| + |a_2 x^2| + \cdots,$$

weil ihre Glieder kleiner sind als die entsprechenden Glieder der konvergenten geometrischen Reihe

$$g + g \left|\frac{x}{x_0}\right| + g \left|\frac{x}{x_0}\right|^2 + \cdots$$

Es gilt demnach folgender Satz:

Wenn eine Potenzreihe für $x = x_0 \; (\gtreqless 0)$ konvergiert, so ist sie im Innern des Intervalls $(-x_0, x_0)$ absolut konvergent.

Hieraus ergibt sich als Folgerung:

Wenn eine Potenzreihe für $x = X_0$ divergiert, so ist sie auch außerhalb des Intervalls $(-X_0, X_0)$ nirgends konvergent.

---
*) Für $x = 0$ konvergiert jede Potenzreihe.

Jetzt wollen wir eine Potenzreihe betrachten, die nicht für $x=0$ allein konvergiert, die aber auch nicht beständig konvergent ist. Es gibt also eine von Null verschiedene Zahl x_0, für welche sie konvergiert und eine Zahl X_0 für welche sie nicht konvergiert. r_0 und R_0 seien zwei positive Zahlen, die so gewählt sind, daß $r_0 < |x_0|$ und $R_0 > |X_0|$ ist. Nach dem obigen Satz konvergiert dann die Potenzreihe für $x = r_0$, während sie es für $x = R_0$ nicht tut, und es ist $r_0 < R_0$. Wir teilen das Intervall (r_0, R_0) in 2^n gleiche Teile. Unter den Teilintervallen gibt es dann eins und nur eins, (r_n, R_n), welches sich ebenso wie (r_0, R_0) verhält, so daß also die Potenzreihe für $x = r_n$ konvergiert, für $x = R_n$ dagegen nicht. Die Folge von Intervallen

$$(r_0, R_0), (r_1, R_1), (r_2, R_2), \ldots$$

ist so beschaffen, daß jedes das Folgende enthält (als eine seiner beiden Hälften). $r_0, r_1, r_2, \ldots$ ist eine aufsteigende, $R_0, R_1, R_2, \ldots$ eine absteigende Folge in dem Intervall (r_0, R_0). Beide Folgen sind daher konvergent, und sie haben beide denselben Grenzwert ϱ, weil

$$\lim (R_n - r_n) = \lim \frac{R_0 - r_0}{2^n} = 0$$

ist. Die Zahl ϱ hat nun folgende Eigenschaft:

Im ganzen Innern des Intervalls $(-\varrho, \varrho)$ konvergiert die Potenzreihe absolut. Ist nämlich x ein Wert im Innern von $(-\varrho, \varrho)$, so können wir, da $\lim r_n = \varrho$ ist, n so groß wählen, daß x auch im Innern des Intervalls $(-r_n, r_n)$ liegt. Da die Reihe für r_n konvergiert, so ist sie im Innern des Intervalls $(-r_n, r_n)$ absolut konvergent, also auch für jenen Wert x.

Außerhalb des Intervalls $(-\varrho, \varrho)$ konvergiert die Potenzreihe nirgends. Ist nämlich x ein Wert außerhalb von $(-\varrho, \varrho)$ so können wir, da $\lim R_n = \varrho$ ist, n so groß wählen, daß x auch außerhalb von $(-R_n, R_n)$ liegt. Da die Reihe für R_n divergiert, so kann sie außerhalb von $(-R_n, R_n)$ nirgends konvergent sein. Sie divergiert also auch für jenen Wert x.

Das Intervall $(-\varrho, \varrho)$ nennt man das **Konvergenzintervall** der Potenzreihe. ϱ heißt der **Konvergenzradius**.

Wenn eine Potenzreihe beständig konvergent ist, so sagt man, sie habe den Konvergenzradius ∞. Konvergiert sie nur für $x=0$, so sagt man, ihr Konvergenzradius sei 0.

Zweites Kapitel.
Differentialrechnung.

§ 23. Der Differenzenquotient.

$y = f(x)$ sei eine Funktion, die für alle Werte eines gewissen Intervalls (a, b) definiert ist. Sie wird geometrisch durch einen Kurvenbogen dargestellt (Fig. 9)*).

Wir wollen einen Wert x in (a, b) ins Auge fassen; ihm entspricht der Funktionswert $f(x)$. Erteilen wir dem x einen positiven oder negativen**) Zuwachs $\Delta x = h$, ersetzen wir mit anderen Worten x durch $x + h$, so erhalten wir statt $f(x)$ den Funktionswert $f(x + h)$; die Funktion y bekommt also den Zuwachs $\Delta y = f(x + h) - f(x)$. Dividieren wir ihn durch den Zuwachs $\Delta x = h$ der unabhängigen Veränderlichen, dem er entspricht, so entsteht

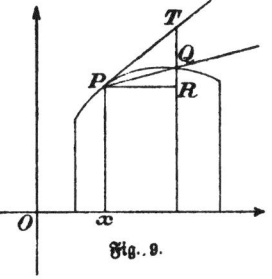

Fig. 9.

$$\frac{\Delta y}{\Delta x} = \frac{f(x+h) - f(x)}{h}.$$

Diesen Ausdruck nennt man einen **Differenzenquotienten**.

Er hat eine einfache geometrische Bedeutung. P und Q seien die den Werten x und $x + h$ entsprechenden Kurvenpunkte. Die Gerade PQ bilde mit der positiven Richtung der x-Achse den Winkel φ***). Dann ist

$$\operatorname{tg} \varphi = \frac{f(x+h) - f(x)}{h}.$$

Der Differenzenquotient ist also gleich der Richtungskonstanten der Sekante PQ.

---

*) Wir benutzen ein rechtwinkliges Achsenpaar.

**) $x + h$ darf nicht außerhalb (a, b) liegen. Wir müssen daher, wenn $x = a$ ist, h auf positive, wenn $x = b$ ist, auf negative Werte beschränken.

***) Die Bedeutung dieser Aussage ist folgende: Die x-Achse muß sich, um mit PQ parallel zu werden, so um O drehen, daß der Punkt A (vgl. Fig. 4) den Bogen φ zurücklegt (vgl. S. 8). φ ist nur bis auf Vielfache von π bestimmt, tg φ hat aber einen ganz bestimmten Wert, weil tg $(\varphi + \pi) = \operatorname{tg} \varphi$ ist. tg φ nennt man die **Richtungskonstante** der Geraden PQ.

Man kann den Differenzenquotienten noch auf eine andere Weise deuten. Wir wollen x als die von einem bestimmten Anfang gerechnete Zeit betrachten und uns dann einen Punkt denken, der sich so auf der Zahlenlinie bewegt, daß er zur Zeit x immer mit dem Bildpunkt der Zahl $f(x)$, oder, kurz gesagt, dem Punkt $f(x)$ zusammenfällt. Während des Zeitintervalls $(x, x+h)$ ist er von $f(x)$ nach $f(x+h)$ gelangt. Hätte er sich während dieser Zeit gleichförmig bewegt, so wäre dazu die Geschwindigkeit (Weg*) durch Zeit)

$$\frac{f(x+h)-f(x)}{h}$$

nötig gewesen. Diese Geschwindigkeit nennt man die mittlere Geschwindigkeit des Punktes während des Zeitintervalls $(x, x+h)$. Sie ist, wie man sieht, gleich dem Differenzenquotienten.

§ 24. Die Ableitung und das Differential.

Wir wollen h nach Null konvergieren (d. h. irgend eine**) Folge $h_1, h_2, h_3, \ldots$ mit der Eigenschaft $\lim h_n = 0$ durchlaufen) lassen. Es kann sein, daß dabei der Differenzenquotient immer einem und demselben Grenzwert A zustrebt, daß man also immer

$$\lim_{n=\infty} \frac{f(x+h_n)-f(x)}{h_n} = A$$

hat, wenn $\lim h_n = 0$ ist. In diesem Falle sagt man, daß $f(x)$ an der Stelle x eine Ableitung besitzt und daß diese Ableitung gleich A ist.

Die Ableitung ist hiernach, falls sie existiert, gleich dem Grenzwert des Differenzenquotienten $\frac{f(x+h)-f(x)}{h}$ für nach Null konvergierendes h.

Man bezeichnet die Ableitung, um ihre Beziehung zu $f(x)$ und x hervortreten zu lassen, mit $f'(x)$. Es ist also

$$f'(x) = \lim_{h=0} \frac{f(x+h)-f(x)}{h}. \text{***})$$

---

*) Der Weg wird wie eine Strecke gemessen (vgl. S. 8), ebenso die Zeit.
**) Wir nehmen an, daß kein h_n gleich Null ist.
***) $h=0$ unter dem Zeichen lim deutet an, daß h nach Null konvergieren soll. Falls $x=a$, muß h positiv, falls $x=b$, muß h negativ sein.

Ableitung und Differential.

Eine notwendige Bedingung für die Existenz der Ableitung an der Stelle x ist die **Stetigkeit** von $f(x)$ an dieser Stelle. In der Tat hat man, wenn $f'(x)$ existiert,

$$f(x+h)-f(x) = h \cdot \frac{f(x+h)-f(x)}{h},$$

also

$$\lim \left\{ f(x+h) - f(x) \right\} = \lim h \cdot \lim \frac{f(x+h)-f(x)}{h}$$
$$= 0 \cdot f'(x) = 0.$$

Diese Bedingung ist aber keineswegs hinreichend. Betrachtet man z. B. die Funktion

$$f(x) = x \sin \frac{1}{x}, \text{ *)}$$

so ist $\lim f(h) = f(0) = 0$; sie ist also an der Stelle $x = 0$ stetig. Dagegen hat

$$\frac{f(h)-f(0)}{h} = \sin \frac{1}{h}$$

keinen Grenzwert. Läßt man nämlich h die Folge $\frac{2}{\pi}$, $\frac{1}{2}\frac{2}{\pi}$, $\frac{1}{3}\frac{2}{\pi}$, ... durchlaufen, so durchläuft $\sin \frac{1}{h}$ die Folge 1, 0, −1, 0, ..., die nicht konvergent ist.

Ebenso wie der Differenzenquotient hat auch die Ableitung eine einfache geometrische Bedeutung. Läßt man h nach Null konvergieren, so konvergiert der Punkt Q nach der Lage P (d. h. jede der Koordinaten von Q nach der entsprechenden von P). Die Gerade PQ dreht sich um den festen Punkt P so, daß ihre Richtungskonstante dem Grenzwert $f'(x)$ zustrebt. Man sagt, daß ihre **Grenzlage** diejenige Gerade durch P ist, deren Richtungskonstante den Wert $f'(x)$ hat. Diese Gerade nennt man die **Tangente** der Kurve im Punkte P. Wie der Differenzenquotient gleich der Richtungskonstanten einer Sekante war, so ist die Ableitung gleich der Richtungskonstanten der Tangente.

Wenn wir x als die Zeit betrachteten und $f(x)$ als die Abszisse eines auf der Zahlenlinie sich bewegenden Punktes, so war der Differenzenquotient gleich der mittleren Geschwindigkeit während des Zeitintervalls $(x, x+h)$.

---

*) Für $x = 0$ ist diese Formel sinnlos. Wir setzen aber fest, daß $f(0) = 0$ sein soll.

Wenn diese bei nach Null konvergierendem h einem Grenzwert zustrebt, so pflegt man ihn als die Geschwindigkeit des Punktes zur Zeit x zu bezeichnen. **Die Ableitung $f'(x)$ erscheint hier also als eine Geschwindigkeit.**

Das Differential von $f(x)$ ist das Produkt aus der Ableitung $f'(x)$ und der Größe h (dem Zuwachs von x). Man bezeichnet es mit $df(x)$. Es ist also

$$df(x) = f'(x)h.$$

Wenn man die Bildkurve von $f(x)$ durch ihre Tangente im Punkte P ersetzt, so ist der Zuwachs, den die Funktion beim Übergange von x zu $x + h$ erfährt, nicht mehr $f(x+h) - f(x)$, sondern $f'(x)h$ oder $df(x)$. In Fig. 9 ist $df(x) = RT$, $f(x+h) - f(x) = RQ$.

Benutzen wir die andere Deutung (x die Zeit und $f(x)$ die Abszisse eines auf der Zahlenlinie sich bewegenden Punktes), so ist folgendes zu sagen: Wenn der Punkt die Geschwindigkeit $f'(x)$, die er zur Zeit x hat, immer hätte, so würde er in dem Zeitintervall $(x, x + h)$ die Strecke $f'(x)h$ beschreiben, nicht mehr die Strecke

$$f(x+h) - f(x).$$

Dem Begriff des Differentials, der von Leibniz herrührt, liegt, wie wir sehen, der Gedanke zu Grunde, eine Kurve in der Umgebung eines Punktes durch eine Gerade oder eine beliebige Bewegung in der Umgebung eines Zeitpunktes durch eine gleichförmige zu ersetzen.

Die Ableitung der Funktion x ist gleich 1, weil schon der Differenzenquotient $\dfrac{(x+h)-x}{h} = 1$ ist. Infolgedessen gilt für das Differential von x die Formel

$$dx = h.$$

Das Differential von x ist also h selbst. Wir können daher in der Formel $df(x) = f'(x)h$ für h das Differential dx einsetzen und erhalten dann

$$df(x) = f'(x)dx.$$

Hieraus ergibt sich

$$f'(x) = \frac{df(x)}{dx}.$$

Die Ableitung ist also ein Quotient zweier (zu demselben h

gehöriger) Differentiale, ein Differentialquotient. Man sagt deshalb statt „Ableitung von $f(x)$" auch „Differentialquotient von $f(x)$".

Die Berechnung des Differentials oder auch des Differentialquotienten einer Funktion nennt man Differentiation (Differenzieren).

§ 25. Differentiation einer Summe, einer Differenz, eines Produktes und eines Quotienten von zwei Funktionen.

Wir nehmen an, daß die Funktionen $f(x)$ und $g(x)$ an der Stelle x Ableitungen $f'(x)$, $g'(x)$ besitzen*).

1. Wenn $F(x) = f(x) + g(x)$ ist, so hat man

$$\frac{F(x+h) - F(x)}{h} = \frac{f(x+h) - f(x)}{h} + \frac{g(x+h) - g(x)}{h}.$$

Die rechte Seite hat bei nach Null konvergierendem h den Grenzwert $f'(x) + g'(x)$, folglich existiert $F'(x)$, und es ist

$$F'(x) = f'(x) + g'(x)$$

oder kurz

$$(f+g)' = f' + g'.$$

Die Ableitung einer Summe ist gleich der Summe der Ableitungen.

Der Satz gilt für eine beliebige endliche Anzahl von Summanden.

2. Genau ebenso beweist man, daß

$$(f-g)' = f' - g'$$

ist.

Die Ableitung einer Differenz ist gleich der Differenz der Ableitungen.

3. Jetzt sei

$$F(x) = f(x) \cdot g(x).$$

Dann wird

$$\frac{F(x+h) - F(x)}{h} = \frac{f(x+h)\, g(x+h) - f(x)\, g(x)}{h}$$

$$= \frac{g(x+h) - g(x)}{h} \cdot f(x+h) + \frac{f(x+h) - f(x)}{h} \cdot g(x).$$

---

*) x ist ein Wert in einem Intervall (a, b), in welchem $f(x)$ und $g(x)$ definiert sind.

Die rechte Seite hat*) bei nach Null konvergierendem h den Grenzwert $f(x)g'(x) + g(x)f'(x)$. Also existiert $F'(x)$, und man hat
$$F'(x) = f(x)g'(x) + g(x)f'(x)$$
oder kurz
$$(fg)' = fg' + gf'.$$

Wenn $g(x)$ eine Konstante c ist, so wird $g'(x) = 0$ (weil schon der Differenzenquotient verschwindet). Dann finden wir
$$(cf)' = cf',$$
eine Formel, die auch direkt leicht beweisbar ist.

Für ein Produkt von 3 Funktionen hat man zunächst
$$(fgh)' = f \cdot (gh)' + gh \cdot f',$$
also
$$(fgh)' = f'gh + fg'h + fgh'.$$

Um ein Produkt von m Faktoren zu differenzieren, multipliziert man die Ableitung jedes Faktors mit allen andern Faktoren und addiert diese m Produkte.

4. Wenn $F(x) = \dfrac{f(x)}{g(x)}$ und $g(x)$ an der Stelle x ungleich Null ist**), so wird

$$\frac{F(x+h) - F(x)}{h} = \frac{1}{h}\left(\frac{f(x+h)}{g(x+h)} - \frac{f(x)}{g(x)}\right)$$
$$= \frac{f(x+h)g(x) - g(x+h)f(x)}{h\,g(x)\,g(x+h)}$$
$$= \frac{\dfrac{f(x+h)-f(x)}{h}g(x) - \dfrac{g(x+h)-g(x)}{h}f(x)}{g(x)\,g(x+h)}.$$

Die rechte Seite hat bei nach Null konvergierendem h den Grenzwert $\dfrac{g(x)f'(x) - f(x)g'(x)}{g(x)g(x)}$.

---

*) Man bedenke, daß $\lim f(x+h) = f(x)$ ist, weil $f(x)$ wegen der Existenz von $f'(x)$ an der Stelle x stetig ist.
**) Es läßt sich um x ein Intervall $(x-\varepsilon,\ x+\varepsilon)$ konstruieren, in welchem $g(x)$ nirgends verschwindet. Wäre das nicht möglich, so gäbe es in jedem Intervall $\left(x - \dfrac{1}{n},\ x + \dfrac{1}{n}\right)$ eine Stelle x_n, so daß $g(x_n) = 0$ ist. Offenbar wäre dann $\lim x_n = x$, also wegen der Stetigkeit $\lim g(x_n) = g(x)$, d. h. $0 = g(x)$, was nicht zutrifft. Wir beschränken h auf das Intervall $(-\varepsilon, \varepsilon)$.

Also existiert $F'(x)$, und man hat
$$F'(x) = \frac{g(x)f'(x) - f(x)g'(x)}{g^2(x)}$$
oder kurz
$$\left(\frac{f}{g}\right)' = \frac{gf' - fg'}{g^2}.$$

Vorausgesetzt ist hierbei $g(x) \gtreqless 0$.

Multipliziert man die obigen Formeln für
$$(f+g)', \quad (f-g)', \quad (fg)' \quad \text{und} \quad \left(\frac{f}{g}\right)'$$
mit dx, so nehmen sie folgende Gestalt an

1. $d(f+g) = df + dg$,
2. $d(f-g) = df - dg$,
3. $d(fg) = fdg + gdf, \quad d(cf) = cdf$,
4. $d\left(\frac{f}{g}\right) = \frac{gdf - fdg}{g^2}$.

§ 26. Differentiation der rationalen Funktionen.

Wir haben schon oben bemerkt, wie ein Produkt von m Faktoren differenziert wird. Man multipliziert die Ableitung jedes Faktors mit allen andern Faktoren und addiert diese m Produkte. Sind alle m Faktoren gleich $f(x)$, so findet man die Formel
$$(f^m)' = mf^{m-1}f'$$
oder (mit dx multipliziert)
$$d(f^m) = mf^{m-1}df.$$

Im Falle $f = x$ lautet diese Formel
$$d(x^m) = mx^{m-1}dx. \qquad (m = 1, 2, 3, \ldots)$$

Wir sind jetzt imstande eine ganze rationale Funktion
$$G(x) = a_0 x^m + a_1 x^{m-1} + \cdots + a_{m-1} x + a_m$$
zu differenzieren. Dazu brauchen wir uns nur zu erinnern, daß das Differential einer Summe mit irgend einer endlichen Anzahl von Summanden gleich der Summe der Differentiale dieser Summanden ist, ferner, daß $d(cf) = cdf$, wenn c eine Konstante bedeutet, und zugleich, daß das Differential einer Konstanten Null ist

Dann finden wir
$$dG(x) = (ma_0 x^{m-1} + (m-1)a_1 x^{m-2} + \cdots + a_{m-1})\,dx,$$
ober, wenn wir die Ableitung haben wollen,
$$G'(x) = ma_0 x^{m-1} + (m-1)a_1 x^{m-2} + \cdots + a_{m-1}.$$

Betrachten wir jetzt die rationale Funktion $G(x):H(x)$, wobei
$$H(x) = b_0 x^n + b_1 x^{n-1} + \cdots + b_{n-1} x + b_n$$
sein möge. Nach der Regel 4 des vorigen Paragraphen ist dann, wenn $H(x) \gtreqless 0$,
$$\left(\frac{G}{H}\right)' = \frac{HG' - GH'}{G^2}$$
ober
$$d\left(\frac{G}{H}\right) = \frac{HdG - GdH}{G^2}.$$

dG und dH wissen wir aber zu berechnen. Wir können somit jede rationale Funktion differenzieren.

Beispiele. 1. Die Ableitung von $x^{-m} = \dfrac{1}{x^m}$ (m eine positive ganze Zahl) lautet $-mx^{-(m+1)}$, wenn $x \gtreqless 0$ ist.

2. Die Ableitung von $y = \dfrac{ax+b}{cx+d}$ wird:
$$y' = \frac{(cx+d)(ax+b)' - (ax+b)(cx+d)'}{(cx+d)^2}$$
ober
$$y' = \frac{(cx+d)a - (ax+b)c}{(cx+d)^2}$$
ober endlich
$$y' = \frac{ad - bc}{(cx+d)^2}.$$

Vorausgesetzt ist dabei $cx + d \gtreqless 0$.

§ 27. Differentiation von a^x [*]).

Wenn $y = a^x$ ist, so hat man
$$\frac{\Delta y}{\Delta x} = \frac{a^{x+h} - a^x}{h} = a^x \frac{a^h - 1}{h}.$$

---

[*]) a ist eine positive Zahl

Nun hat, wie wir wissen $\frac{a^h-1}{h}$ den Grenzwert $\log a$ (natürlicher Logarithmus von a), also ist
$$(a^x)' = a^x \log a.$$
Insbesondere ist
$$(e^x)' = e^x.$$
Die Exponentialfunktion e^x hat also die Eigenschaft gleich ihrer eigenen Ableitung zu sein.

§ 28. Differentiation von $\log x$.

Wenn $y = \log x$*), so wird
$$\frac{\Delta y}{\Delta x} = \frac{\log(x+h) - \log x}{h} = \frac{\log\left(1+\frac{h}{x}\right)}{\frac{h}{x}} \cdot \frac{1}{x}.$$

Wir setzen $\frac{h}{x} = \bar{h}$. Dann ist
$$\frac{\Delta y}{\Delta x} = \frac{1}{x} \cdot \log\left\{(1+\bar{h})^{\frac{1}{\bar{h}}}\right\}$$

Da $\bar{h}$ gleichzeitig mit h nach 0 konvergiert, so hat man (vgl. S. 26)
$$\lim\left\{(1+\bar{h})^{\frac{1}{\bar{h}}}\right\} = e.$$

Also ist (wegen der Stetigkeit von $\log x$, die wir auf S. 28 bewiesen haben) der Grenzwert der rechten Seite $\frac{1}{x}$. Wir haben demnach
$$(\log x)' = \frac{1}{x}$$

$^a\!\log x$ unterscheidet sich von $\log x$ nur um einen konstanten Faktor. Da nämlich
$$a^{a\log x} = x,$$
so ist
$$^a\!\log x \cdot \log a = \log x,$$

---

*) x ist positiv und h seinem Betrage nach kleiner als x. Der Logarithmus ist der natürliche (Basis gleich e).

also
$$^a\log x = \frac{1}{\log a} \cdot \log x.$$

Es wird daher
$$(^a\log x)' = \frac{1}{x \log a}.$$

Die Zahl $\frac{1}{\log a}$ heißt der **Modul** des Logarithmensystems mit der Basis a. Mit diesem Modul muß man die natürlichen Logarithmen multiplizieren, um die zur Basis a gehörigen zu erhalten.

§ 29. **Differentiation der trigonometrischen Funktionen.**

Man hat
$$\sin(x+h) = \sin x \cos h + \cos x \sin h,$$
also
$$\frac{\sin(x+h) - \sin x}{h} = \cos x \frac{\sin h}{h} + \sin x \frac{\cos h - 1}{h} \cdot \cdot$$
Nun ist
$$(\cos h - 1)(\cos h + 1) = \cos^2 h - 1 = -\sin^2 h,$$
mithin:
$$\frac{\sin(x+h) - \sin x}{h} = \cos x \frac{\sin h}{h} - \sin x \frac{\sin h}{h} \cdot \frac{\sin h}{1 + \cos h}.$$

Da
$$\lim \frac{\sin h}{h} = 1, \ \lim \frac{\sin h}{1 + \cos h} = 0$$
ist, so folgt
$$(\sin x)' = \cos x.$$

Bei $\cos x$ kommt man in ähnlicher Weise zum Ziele. Es ist
$$\cos(x+h) = \cos x \cos h - \sin x \sin h,$$
also
$$\frac{\cos(x+h) - \cos x}{h} = -\sin x \frac{\sin h}{h} + \cos x \frac{\cos h - 1}{h}$$
oder
$$\frac{\cos(x+h) - \cos x}{h} = -\sin x \frac{\sin h}{h} - \cos x \frac{\sin h}{h} \frac{\sin h}{1 + \cos h},$$
folglich
$$(\cos x)' = -\sin x.$$

Differentiation trigonometrischer Funktionen.

Die gefundenen Formeln lassen sich auch so schreiben:

$$(\sin x)' = \sin\left(x + \frac{\pi}{2}\right),$$

$$(\cos x)' = \cos\left(x + \frac{\pi}{2}\right).$$

Um tg x zu differenzieren, kann man davon ausgehen, daß

$$\operatorname{tg} x = \frac{\sin x}{\cos x}$$

ist*). Auf diese Weise findet man

$$(\operatorname{tg} x)' = \frac{\cos x (\sin x)' - \sin x (\cos x)'}{\cos^2 x}$$

$$= \frac{\cos^2 x + \sin^2 x}{\cos^2 x} = \frac{1}{\cos^2 x} = 1 + \operatorname{tg}^2 x.$$

Es ist also

$$(\operatorname{tg} x)' = \frac{1}{\cos^2 x} = 1 + \operatorname{tg}^2 x.$$

Ähnlich geht es bei cot x. Da

$$\cot x = \frac{\cos x}{\sin x}$$

ist**), so hat man

$$(\cot x)' = \frac{\sin x (\cos x)' - \cos x (\sin x)'}{\sin^2 x}$$

$$= -\frac{\sin^2 x + \cos^2 x}{\sin^2 x} = -\frac{1}{\sin^2 x} = -(1 + \cot^2 x).$$

Es ist also

$$(\cos x)' = -\frac{1}{\sin^2 x} = -(1 + \cot^2 x).$$

Der Leser berechne die Ableitung von $\dfrac{1}{\cos x}$ und von $\dfrac{1}{\sin x}$.

§ 30. Der Mittelwertsatz.

Hilfssatz. Wenn $f(a) > 0$ und $f(b) < 0$ ist und $f(x)$ weder bei a noch bei b noch auch zwischen a und b eine Unstetigkeit aufweist***), so gibt es zwischen a und b ein c derart, daß $f(c) = 0$ ist.

---

*) Es darf nicht $\cos x = 0$ sein.
**) Es darf nicht $\sin x = 0$ sein.
***) Wir verlangen genau gesagt folgendes: Wenn $a \leq x_n \leq b$ und $\lim x_n = x$ ist, so soll immer $\lim f(x_n) = f(x)$ sein.

Nehmen wir an, daß $f(x)$ zwischen a und b nirgends verschwindet (also das Gegenteil des Behaupteten). Dann ist $f\left(\frac{a+b}{2}\right)$ entweder positiv oder negativ. Im ersten Falle können die Werte $a_1 = \frac{a+b}{2}$, $b_1 = b$, im zweiten Falle die Werte $a_1 = a$, $b_1 = \frac{a+b}{2}$ die Rollen von a und b übernehmen; denn es ist $f(a_1) > 0$ und $f(b_1) < 0$. Von a_1 und b_1 gelangen wir in genau derselben Weise zu zwei neuen Werten a_2 und b_2, so daß $f(a_2) > 0$ und $f(b_2) < 0$ ist, usw. Wir gewinnen auf diese Weise in dem endlichen Intervall (a, b) zwei monotone Folgen. Jede von ihnen ist, wie wir wissen (vgl. S. 21), konvergent und beide haben denselben Grenzwert c, weil $b_n - a_n = \left(\frac{1}{2}\right)^n (b-a)$, folglich $\lim (b_n - a_n) = 0$ ist.

Da wegen der Stetigkeit von $f(x)$
$$\lim f(a_n) = f(c)$$
ist und alle $f(a_n)$ positiv sind, so kann $f(c)$ nicht negativ sein. $f(c)$ kann aber auch nicht positiv sein, weil
$$\lim f(b_n) = f(c)$$
ist und alle $f(b_n)$ negativ sind. Es muß daher $f(c) = 0$ sein, und das widerspricht der zu Anfang gemachten Annahme, daß $f(x)$ zwischen a und b nirgends null ist.

Folgerung. Wenn $f(a) = A$, $f(b) = B$ $(\gtreqless A)$, C eine Zahl zwischen A und B ist und $f(x)$ weder bei a noch bei b noch auch zwischen a und b eine Unstetigkeit aufweist, so gibt es zwischen a und b ein c derart, daß $f(c) = C$ ist.

Wir bilden, um diese Folgerung zu beweisen, $\varphi(x) = \frac{f(x) - C}{A - B}$

Dann ist $\varphi(x)$ ebenso wie $f(x)$ stetig, und außerdem ist $\varphi(a) > 0$, $\varphi(b) < 0$. Also gibt es nach dem Hilfssatz zwischen a und b ein c derart, daß $\varphi(c) = 0$ ist. Das heißt aber $f(c) = C$.

Theorem von Rolle. $f(x)$ sei weder bei a noch b unstetig[*]) und habe zwischen a und b überall eine Ableitung;

---

[*]) Wir verlangen genau gesagt folgendes: Wenn $a \leq x_n \leq b$ und $\lim x_n = a$ oder $\lim x_n = b$ ist, so soll immer $\lim f(x_n) = f(a)$ bezw. $\lim f(x_n) = f(b)$ sein.

Theorem von Rolle.

ferner sei $f(a) = f(b)$. Dann gibt es zwischen a und b ein ξ derart, daß $f'(\xi) = 0$ ist.

Zunächst bemerken wir, daß $f(x)$ auch zwischen a und b überall stetig ist. Das folgt aus der Existenz der Ableitung. $f(x)$ hat also weder bei a noch bei b noch auch zwischen a und b eine Unstetigkeit. Wir wollen $\dfrac{b-a}{3} = k$ setzen und die Funktion

$$\varphi(x) = f(x+k) - f(x)$$

betrachten. x beschränken wir jetzt auf das Intervall $(a, a+2k)$. Offenbar hat dann $\varphi(x)$ weder bei a noch bei $a+2k$ noch auch zwischen a und $a+2k$ eine Unstetigkeit.

Nun ist

$$\varphi(a) + \varphi(a+k) + \varphi(a+2k) = f(a+k) - f(a) + f(a+2k)$$
$$- f(a+k) + f(b) - f(a+2k) = f(b) - f(a) = 0,$$

und es bestehen folgende Möglichkeiten

1. $\varphi(a) = \varphi(a+k) = \varphi(a+2k) = 0$,
2. $\varphi(a)$, $\varphi(a+k)$, $\varphi(a+2k)$ nicht alle gleich Null.

Im zweiten Falle gibt es, weil

$$\varphi(a) + \varphi(a+k) + \varphi(a+2k) = 0$$

ist, unter den drei Größen $\varphi(a), \varphi(a+k), \varphi(a+2k)$ sicher eine positive und eine negative. Dann existiert aber auf Grund unseres Hilfssatzes zwischen a und $a+2k$ ein c derart, daß

$$\varphi(c) = f(c+k) - f(c) = 0$$

ist.

Auch im ersten Falle ist ein solches c vorhanden, nämlich $a+k$. Setzen wir $a_1 = c$, $b_1 = c+k$, so ist

$$a < a_1 < b_1 < b \text{ und } b_1 - a_1 = \frac{1}{3}(b-a),$$

und das Intervall (a_1, b_1) kann, da $f(a_1) = f(b_1)$ ist, die Rolle des Intervalls (a, b) übernehmen. Von (a_1, b_1) gelangen wir durch Wiederholung der obigen Betrachtungen zu einem Intervall (a_2, b_2) derart, daß

$$a_1 < a_2 < b_2 < b_1 \text{ und } b_2 - a_2 = \frac{1}{3}(b_1 - a_1),$$

ferner $f(a_2) = f(b_2)$ ist, usw.

Die aufsteigende Folge $a_1, a_2, a_3, \ldots$ und die absteigende Folge $b_1, b_2, b_3, \ldots$ sind konvergent und haben, weil

$$\lim (b_n - a_n) = \lim \left(\frac{1}{3}\right)^n (b - a) = 0,$$

denselben Grenzwert ξ, und offenbar ist

$$a_n < \xi < b_n.$$

Setzen wir also $a_n = \xi + h_n$, $b_n = \xi + \bar{h}_n$, so ist $h_n < 0$ und $\bar{h}_n > 0$. Die Zähler der Differenzenquotienten

$$\frac{f(\xi + h_n) - f(\xi)}{h_n}, \quad \frac{f(\xi + \bar{h}_n) - f(\xi)}{\bar{h}_n}$$

sind gleich, weil $f(a_n) = f(b_n)$ ist, die Nenner haben aber entgegengesetzte Zeichen. Die beiden Quotienten sind daher entweder null oder sie haben entgegengesetzte Zeichen. Machen wir nun die Festsetzung, daß u_n gleich dem positiven und v_n gleich dem negativen Quotienten sein soll und daß, wenn beide verschwinden, auch u_n und v_n gleich Null sind, so werden die Folgen

$$u_1, u_2, u_3, \ldots \quad \text{und} \quad v_1, v_2, v_3, \ldots$$

beide den Grenzwert $f'(\xi)$ haben, weil jene Quotienten beide nach $f'(\xi)$ konvergieren. Es ist also

$$\lim u_n = f'(\xi) \quad \text{und} \quad \lim v_n = f'(\xi).$$

Da $u_n \geq 0$ ist, so kann $f'(\xi)$ nicht negativ sein, da $v_n \leq 0$ ist, so kann $f'(\xi)$ nicht positiv sein. Folglich ist $f'(\xi) = 0$.

Nach diesen Vorbereitungen sind wir imstande, den sogenannten Mittelwertsatz zu beweisen. Er lautet so:

Wenn $f(x)$ weder bei a noch bei b unstetig ist und zwischen a und b überall eine Ableitung hat, so gibt es zwischen a und b einen Wert ξ derart, daß

$$\frac{f(b) - f(a)}{b - a} = f'(\xi)$$

ist.

Betrachten wir statt $f(x)$ die Funktion

$$\varphi(x) = f(x) + \lambda x,$$

so läßt sich die Konstante λ so bestimmen, daß $\varphi(a) = \varphi(b)$ wird. Aus

$$f(a) + \lambda a = f(b) + \lambda b$$

Mittelwertsatz. 57

ergibt sich nämlich sofort
$$\lambda = -\frac{f(b)-f(a)}{b-a}.$$

Nachdem λ in dieser Weise bestimmt ist, können wir auf $\varphi(x)$ das Theorem von Rolle anwenden; $\varphi(x)$ erfüllt nämlich alle dort aufgeführten Bedingungen: $\varphi(x)$ ist weder bei a noch bei b unstetig (weil dies von $f(x)$ und λx gilt). $\varphi(x)$ hat ferner zwischen a und b überall eine Ableitung, nämlich $f'(x) + \lambda$, und es ist endlich $\varphi(a) = \varphi(b)$. Das Theorem von Rolle lehrt nun, daß es zwischen a und b ein ξ gibt derart, daß $\varphi'(\xi) = 0$, also
$$f'(\xi) + \lambda = 0, \text{ d. h. } \frac{f(b)-f(a)}{b-a} = f'(\xi)$$
ist.

Geometrische Interpretation des Mittelwertsatzes.

Denken wir uns den Kurvenbogen, der die Funktion $f(x)$ in dem Intervall (a, b) darstellt. A sei der Anfangspunkt, B der Endpunkt dieses Bogens. Die Sehne AB hat die Richtungskonstante*)
$$\frac{f(b)-f(a)}{b-a}.$$

$f'(\xi)$ ist, wie wir wissen, die Richtungskonstante der Tangente unseres Kurvenbogens im Punkte $x = \xi$, $y = f(\xi)$. Der Mittel=

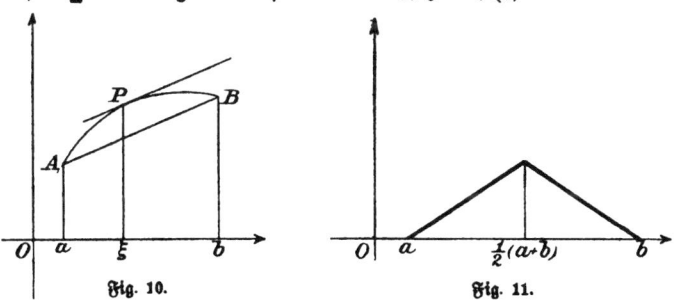

Fig. 10.   Fig. 11.

wertsatz sagt, daß diese Tangente parallel zur Sehne ist. Er sagt also, daß es unter den gemachten Voraussetzungen auf dem Kurven=

---

*) Die Richtungskonstante einer Geraden ist (vgl. S. 48) gleich tg φ, wenn die Gerade mit der positiven Richtung der x=Achse den Winkel φ bildet.

bogen zwischen A und B einen Punkt P gibt, in welchem die Tangente parallel zu der Sehne AB ist.

Wenn die Funktion $f(x)$ durch folgende Festsetzungen definiert ist
$$f(x) = 0 \quad \text{für} \quad a \leq x < b, \; f(b) = 1,$$
so hat sie zwischen a und b überall die Ableitung 0. Dagegen ist $\frac{f(b)-f(a)}{b-a} = \frac{1}{b-a}$. Daß hier der Mittelwertsatz nicht gilt, beruht auf der an der Stelle $x = b$ vorhandenen Unstetigkeit.

Fig. 11 zeigt uns eine Funktion, welche auch nicht den Mittelwertsatz erfüllt, und zwar deshalb, weil an der Stelle $x = \frac{a+b}{2}$ keine Ableitung existiert.

Andere Schreibweise der Formel des Mittelwertsatzes.

Setzt man $a = x$ und $b = x + h$ oder $b = x$ und $a = x + h$, so wird sich ξ, da es zwischen x und $x + h$ liegt, in der Form $\xi = x + \vartheta h$ schreiben lassen, wobei $0 < \vartheta < 1$ ist. Die Formel des Mittelwertsatzes lautet dann
$$\frac{f(x+h)-f(x)}{h} = f'(x + \vartheta h). \qquad (0 < \vartheta < 1).$$
Falls man $a = x$ und $b = x + h$ gesetzt hat, ist h positiv; falls man $b = x$ und $a = x + h$ gesetzt hat, ist h negativ. **Die Formel gilt, sobald $f(x)$ bei x und bei $x + h$ stetig ist und zwischen x und $x + h$ überall eine Ableitung hat.**

Sie lehrt, daß der Differenzenquotient $\frac{f(x+h)-f(x)}{h}$ zu den Werten gehört, die die Ableitung $f'(x)$ zwischen x und $x + h$ annimmt.

Aus dem Mittelwertsatz ergibt sich, daß eine Funktion, die in einem Intervall überall die Ableitung Null hat, daselbst eine Konstante ist. Sind nämlich a und b irgend zwei Werte in jenem Intervall, so hat man
$$\frac{f(b)-f(a)}{b-a} = f'(\xi) = 0,$$
also $f(b) = f(a)$. Dieses Resultat ist für die Integralrechnung von Wichtigkeit.

§ 31. Verallgemeinerung des Mittelwertsatzes.

Man kann den Mittelwertsatz leicht verallgemeinern. $g(x)$ sei eine Funktion, welche ebenso wie $f(x)$ weder bei a noch bei b unstetig ist und zwischen a und b überall eine Ableitung hat. Es sei aber nirgends $g'(x) = 0$. Wir können dann λ so wählen, daß

$$\varphi(x) = f(x) + \lambda g(x)$$

der Bedingung $\varphi(a) = \varphi(b)$ genügt. Aus

$$f(a) + \lambda g(a) = f(b) + \lambda g(b)$$

ergibt sich nämlich*)

$$\lambda = -\frac{f(b) - f(a)}{g(b) - g(a)} \quad (0 < \vartheta < 1).$$

Durch Anwendung des Theorems von Rolle auf $\varphi(x)$ erhalten wir:

$$f'(\xi) + \lambda g'(\xi) = 0,$$

also

$$\frac{f(b) - f(a)}{g(b) - g(a)} = \frac{f'(\xi)}{g'(\xi)} \quad (a < \xi < b).$$

Setzen wir $a = x$, $b = x + h$, oder $b = x$, $a = x + h$, so kommt:

$$\frac{f(x+h) - f(x)}{g(x+h) - g(x)} = \frac{f'(x + \vartheta h)}{g'(x + \vartheta h)}. \quad (0 < \vartheta < 1)$$

§ 32. Differentiation einer zusammengesetzten Funktion.

$F(u)$ sei eine Funktion von u, die für $\alpha \leqq u \leqq \beta$ definiert ist; $f(x)$ eine Funktion von x, die für $a \leqq x \leqq b$ definiert ist; außerdem sei $f(x)$ so beschaffen, daß in dem ganzen Intervall (a, b)

$$\alpha \leqq f(x) \leqq \beta$$

ist. Setzen wir dann

$$u = f(x), \qquad y = F(u),$$

so gehört zu jedem Wert x in (a, b) ein Wert von u in (α, β) und zu diesem ein Wert von y. Es entspricht also durch Vermittelung von u jedem Wert von x ein Wert von y, so daß y eine Funktion

---

*) Daß $g(b) - g(a) \gtreqless 0$ ist, folgt aus $g(b) - g(a) = (b-a) g'(\xi)$, weil $g'(\xi) \gtreqless 0$.

von x ist. Wie y von x abhängt, das drückt die Formel
$$y = F(f(x))$$
aus. Man nennt $F(f(x))$ eine zusammengesetzte Funktion.
Beiläufig machen wir folgende Bemerkung:

Wenn $f(x)$ an der Stelle x und $F(u)$ an der Stelle $u = f(x)$ stetig ist, so ist auch $F(f(x))$ an der Stelle x stetig. In der Tat folgt aus $\lim x_n = x$ immer $\lim u_n = \lim f(x_n) = u$ und
$$\lim F(f(x_n)) = \lim F(u_n) = F(u) = F(f(x)).$$

Wir wollen jetzt voraussetzen, daß $f(x)$ in (a, b) überall eine Ableitung $f'(x)$ hat, ebenso $F(u)$ in (α, β) überall eine Ableitung $F'(u)$.

x sei ein fester und $x + \varDelta x$ irgend ein anderer Wert in (a, b). Beim Übergange von x zu $x + \varDelta x$ erfährt $u = f(x)$ den Zuwachs
$$\varDelta u = f(x + \varDelta x) - f(x)$$
und $y = F(u)$ den Zuwachs
$$\varDelta y = F(u + \varDelta u) - F(u).$$

Nach dem Mittelwertsatz ist nun
$$\varDelta y = F'(u + \vartheta \varDelta u) \varDelta u \text{*}), \qquad (0 < \vartheta < 1)$$
folglich
$$\frac{\varDelta y}{\varDelta x} = F'(u + \vartheta \varDelta u) \frac{\varDelta u}{\varDelta x}.$$

Lassen wir $\varDelta x$ nach Null konvergieren (wobei es aber immer ungleich Null bleiben muß), so wird
$$\lim \frac{\varDelta u}{\varDelta x} = f'(x)$$
und
$$\lim \varDelta u = \lim \frac{\varDelta u}{\varDelta x} \varDelta x = f'(x) \lim \varDelta x = 0 \text{**}),$$
also auch
$$\lim \vartheta \varDelta u = 0 \quad \text{und} \quad \lim (u + \vartheta \varDelta u) = u.$$

Führen wir jetzt noch die Voraussetzung ein, daß $F'(u)$ in

---

*) Diese Formel gilt auch, wenn $\varDelta u = 0$ ist.
**) Dies wußten wir schon, weil wir früher bewiesen haben, daß aus der Existenz von $f'(x)$ die Stetigkeit von $f(x)$ an der Stelle x folgt.

Differentiation zusammengesetzter Funktionen.

(α, β) stetig ist, so wird
$$\lim F'(u + \vartheta \Delta u) = F'(u)$$
und
$$\lim \frac{\Delta y}{\Delta x} = F'(u) f'(x).$$

Das Differential von y entsteht hieraus durch Multiplikation mit dx. Wir haben also
$$dy = F'(u) f'(x) dx$$
oder, da
$$du = f'(x) dx$$
ist,
$$dy = F'(u) du$$

Das Differential von $y = F(u)$ würde genau so aussehen, wenn u selbst die unabhängige Veränderliche wäre. Das ist einer der Vorteile den das Differential im Vergleich zur Ableitung bietet.

Wir haben beim Beweise der Formel $dy = F'(u) du$ angenommen, daß $F'(u)$ stetig ist. Von dieser Voraussetzung kann man die Formel befreien. Lassen wir Δx eine nach Null konvergierende Zahlenfolge $h_1, h_2, h_3, \ldots$ (alle h_n ungleich Null) durchlaufen, so durchläuft Δu die Folge $k_1, k_2, k_3, \ldots$, wobei
$$k_n = f(x + h_n) - f(x) = h_n \frac{f(x + h_n) - f(x)}{h_n},$$
also $\lim k_n = 0$ ist.

Es können nun folgende Fälle eintreten.

1. In der Folge $k_1, k_2, k_3, \ldots$ gibt es nur eine endliche Anzahl nicht verschwindender Glieder.

2. In der Folge $k_1, k_2, k_3, \ldots$ gibt es unendlich viele nichtverschwindende Glieder.

Da im ersten Falle „fast alle" k_n gleich Null sind, so gilt dasselbe von den Quotienten
$$\frac{f(x + h_n) - f(x)}{h_n}, \quad \frac{F(u + k_n) - F(u)}{h_n}.$$

Es ist also sicher
$$\lim \frac{f(x + h_n) - f(x)}{h_n} = f'(x) = 0$$
und
$$\lim \frac{F(u + k_n) - F(u)}{h_n} = 0 = F'(u) f'(x).$$

Im zweiten Falle möge durch Unterdrückung der verschwindenden Glieder aus $k_1, k_2, k_3, \ldots$ die Folge $\varkappa_1, \varkappa_2, \varkappa_3, \ldots$ entstehen, und $\delta_1, \delta_2, \delta_3, \ldots$ seien die entsprechenden Glieder in $h_1, h_2, h_3, \ldots$ Dann ist

$$\frac{F(u+\varkappa_n)-F(u)}{\delta_n} = \frac{F(u+\varkappa_n)-F(u)}{\varkappa_n} \cdot \frac{\varkappa_n}{\delta_n}$$
$$= \frac{F(u+\varkappa_n)-F(u)}{\varkappa_n} \cdot \frac{f(x+\delta_n)-f(x)}{\delta_n},$$

also wegen $\lim \delta_n = 0$, $\lim \varkappa_n = 0$*)

$$\lim \frac{F(u+\varkappa_n)-F(u)}{\delta_n} = F'(u)f'(x).$$

Gibt es in $k_1, k_2, k_3, \ldots$ nur eine endliche Anzahl verschwindender Glieder, so ist auch

$$\lim \frac{F(u+k_n)-F(u)}{h_n} = F'(u)f'(x).$$

Bilden dagegen die verschwindenden Glieder in $k_1, k_2, k_3, \ldots$ eine Folge $\overline{\varkappa}_1, \overline{\varkappa}_2, \overline{\varkappa}_3, \ldots$ und entsprechen ihnen in $h_1, h_2, h_3, \ldots$ die Glieder $\overline{\delta}_1, \overline{\delta}_2, \overline{\delta}_3, \ldots$, so sind die Quotienten

$$\frac{f(x+\overline{\delta}_n)-f(x)}{\overline{\delta}_n} \quad \text{und} \quad \frac{F(u+\overline{\varkappa}_n)-F(u)}{\overline{\delta}_n}$$

alle gleich Null. Man hat daher

$$\lim \frac{f(x+\overline{\delta}_n)-f(x)}{\overline{\delta}_n} = f'(x) = 0$$
$$\lim \frac{F(u+\overline{\varkappa}_n)-F(u_n)}{\overline{\delta}_n} = 0 = F'(u)f'(x).$$

Wir erhalten also $F'(u)f'(x)$ als Grenzwert sowohl, wenn h_n die Folge $\delta_1, \delta_2, \delta_3, \ldots$ durchläuft, als auch, wenn es die Folge $\overline{\delta}_1, \overline{\delta}_2, \overline{\delta}_3, \ldots$ durchläuft. Daraus folgt aber*)

$$\lim \frac{F(u+k_n)-F(u)}{h_n} = F'(u)f'(x).$$

§ 33. Beispiele.

1. $y = e^{f(x)}$.
$$dy = e^{f(x)} df(x) = e^{f(x)} f'(x) dx.$$

---
*) Vgl. die Bemerkungen am Schluß von § 11.

Beispiele.

2. x^μ ($x > 0$ und μ eine beliebige Zahl) läßt sich so schreiben:
$$x^\mu = e^{\mu \log x}.$$
Nach Nr. 1 ist also
$$d x^\mu = e^{\mu \log x} d(\mu \log x) = \mu e^{\log x} \frac{dx}{x}$$
oder
$$d x^\mu = \mu x^{\mu-1} dx.$$
3. $\quad y = \log f(x),\ f(x) > 0.$
$$dy = \frac{d f(x)}{f(x)} = \frac{f'(x)}{f(x)} dx.$$
Z. B. ist
$$d \log \sin x = \cot x\, dx, \qquad (\sin x > 0)$$
$$d \log \cot x = -\operatorname{tg} x\, dx, \qquad (\cos x > 0)$$
$$d \log \operatorname{tg} x = \frac{dx}{\sin x \cos x} = \frac{2\, dx}{\sin 2x}, \qquad (\operatorname{tg} x > 0)$$
$$d \log \cot x = -\frac{dx}{\sin x \cos x} = -\frac{2\, dx}{\sin 2x}. \qquad (\cot x > 0)$$
4. $\quad y = \log(x + \sqrt{1+x^2}).$
$$dy = \frac{d(x + \sqrt{1+x^2})}{x + \sqrt{1+x^2}} = \frac{dx + d\sqrt{1+x^2}}{x + \sqrt{1+x^2}}.$$
Nach Nr. 2 ist
$$d\sqrt{1+x^2} = d(1+x^2)^{\frac{1}{2}} = \frac{1}{2}(1+x^2)^{-\frac{1}{2}} d(1+x)^2$$
$$= \frac{x\, dx}{\sqrt{1+x^2}}.$$
Man findet schließlich
$$dy = \frac{dx}{\sqrt{1+x^2}}.$$

§ 34. Umkehrung einer stetigen Funktion.

$y = f(x)$ sei in dem Intervall (a, b), einschließlich der Grenzen a und b, überall stetig. Wir wollen versuchen diese Funktion umzukehren, d. h. x als Funktion von y zu betrachten. Soll dies möglich sein, so darf die Funktion keinen Wert mehr als einmal annehmen; sonst würden nämlich zu jenem Wert von y mehrere Werte von x gehören, was unsererem Funktions=

begriff widerspräche (wonach jedem Wert der unabhängigen nur ein Wert der abhängigen Veränderlichen zugeordnet sein soll).

Wenn also c und c_1 zwei verschiedene Werte aus (a, b) sind, so ist immer $f(c) \gtreqless f(c_1)$. Wir wollen jetzt irgend drei Werte x_1, x_2, x_3 aus (a, b) herausgreifen, die in der Beziehung

$$x_1 < x_2 < x_3$$

stehen, so daß x_2 zwischen x_1 und x_3 liegt. Es läßt sich zeigen, daß dann auch $f(x_2)$ zwischen $f(x_1)$ und $f(x_3)$ liegt. Würde nämlich der Wert $f(x_2)$ außerhalb des Intervalls $(f(x_1), f(x_3))$ liegen, so gäbe es einen Wert C, der sowohl zwischen $f(x_1)$ und $f(x_2)$ als auch zwischen $f(x_2)$ und $f(x_3)$ liegt. Da die Funktion $f(x)$ stetig ist, so müßte sie diesen Wert C an einer Stelle c zwischen x_1 und x_2 und auch an einer Stelle c_1 zwischen x_2 und x_3 annehmen (vgl. § 30). Es wäre also $f(c) = f(c_1)$ und $c < c_1$.

Aus dem Obigen geht hervor, daß $f(x)$, wenn x von a bis b zunimmt, entweder beständig wächst oder beständig abnimmt. Um einen bestimmten Fall zu haben, wollen wir uns denken, daß $f(x)$ bei zunehmendem x beständig wächst*).

Wir können uns leicht überzeugen, daß eine solche Funktion sich umkehren läßt. $A = f(a)$ ist der kleinste und $B = f(b)$ der größte Wert von $f(x)$ und jede Zahl C zwischen A und B ist ebenfalls ein Funktionswert (nach § 30). Die Werte von $f(x)$ füllen also das ganze Intervall (A, B) aus. Da jeder Wert von der Funktion nur einmal angenommen wird, so entspricht jedem y in $(A\,B)$ ein und nur ein x in (a, b) derart, daß $y = f(x)$ ist. x ist also in dem Intervall (A, B) eine Funktion von y:

$$x = \varphi(y).$$

Diese Funktion nennt man die Umkehrung (die inverse Funktion) von $y = f(x)$**). Bei zunehmendem y wächst offenbar $\varphi(y)$ beständig. $\varphi(y)$ ist ferner in dem Intervall (A, B) stetig. Hat man nämlich in (A, B) eine nach y konvergierende Folge $y_1, y_2, y_3, \ldots$, deren sämtliche Glieder größer (kleiner) als y sind***), und ist $x = \varphi(y)$, $x_n = \varphi(y_n)$, so muß $\lim x_n = x$ sein. Zunächst sind alle x_n größer (kleiner) als x. Gäbe es unendlich

---

*) Wenn $f(x)$ mit zunehmendem x abnimmt, so betrachten wir $-f(x)$.
**) Ebenso ist $y = f(x)$ die Umkehrung von $x = \varphi(y)$.
***) Es genügt solche Folgen zu betrachten.

Umkehrung einer stetigen Funktion. 65

viele x_n, die größer als $x + \varepsilon$ (kleiner als $x - \varepsilon$) sind, so wären die entsprechenden y_n größer als $f(x + \varepsilon)$ (kleiner als $f(x - \varepsilon)$), was der Voraussetzung $\lim y_n = y = f(x)$ widerspricht.

Fig. 12 soll dazu dienen, die Beziehung zwischen den beiden Funktionen $y = f(x)$ und $x = \varphi(y)$ zu veranschaulichen. Es ist $\overline{OX} = x$ und $\overline{OY} = y$. Wenn der Punkt X sich auf der x-Achse in positiver Richtung von X_0 nach X_1 bewegt $(\overline{OX_0} = a, \overline{OX_1} = b)$,

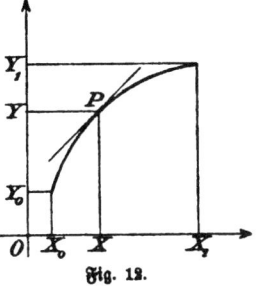

Fig. 12.

so bewegt sich der Punkt Y auf der y-Achse in positiver Richtung von Y_0 nach Y_1 $(\overline{OY_0} = A, \overline{OY_1} = B)$ und umgekehrt. Geometrisch kommt die Umkehrung einer Funktion auf eine Vertauschung der beiden Koordinatenachsen hinaus.

Bemerkung. Wenn eine Funktion $f(x)$ zwischen a und b überall eine positive Ableitung hat, so wächst $f(x)$, wenn x von a bis b zunimmt. In der Tat folgt aus

$$f(x+h) - f(x) = h f'(x + \vartheta h) \qquad (0 < \vartheta < 1)$$

für $h > 0$ immer $f(x+h) - f(x) > 0$.

Die Ableitung darf auch an einer endlichen Anzahl von Stellen null sein oder nicht existieren. Ist z. B. $f'(c) = 0$, $a < c < b$, aber sonst im Innern von (a, b) überall $f'(x) > 0$, so wächst $f(x)$, wenn x von a bis c, und auch, wenn x von c bis b zunimmt.

Im Falle $f'(x) < 0$ nimmt $f(x)$ ab.

Wenn die Funktion $f(x)$ beständig zunimmt, während x von a bis b wächst, so kann sie zwischen a und b nirgends eine negative Ableitung haben. Es ist nämlich für $h > 0$

$$\frac{f(x+h) - f(x)}{h} > 0 \, .$$

Eine negative Größe kann aber nicht der Grenzwert einer positiven Zahlenfolge sein. Also muß $f'(x) \geqq 0$ sein, falls $f'(x)$ existiert. Ebenso muß, wenn $f(x)$ mit wachsendem x abnimmt, $f'(x) \leqq 0$ sein, falls $f'(x)$ existiert.

§ 35. Beispiele.

1. $y = e^x$ hat die Umkehrung $x = \log y$.
2. $y = \sin x$ ist stetig und nimmt beständig zu (von -1 bis 1),

wenn x von $-\frac{\pi}{2}$ bis $\frac{\pi}{2}$ wächst. Die inverse Funktion $x = \varphi(y)$ ist also in dem Intervall $(-1, 1)$ stetig und wächst bei zunehmendem y. Offenbar ist $\varphi(y) = \arcsin y$.

$$y = \operatorname{tg} x \qquad \left(-\frac{\pi}{2} \leq x \leq \frac{\pi}{2}\right)$$

hat die inverse Funktion $\operatorname{arctg} y$.

Die inverse Funktion zu $y = \cos x$ $(0 \leq x \leq \pi)$ ist $\arccos y$. $y = \cot x$ $(0 \leq x \leq \pi)$ hat die inverse Funktion $\operatorname{arc cot} y$.

Die zyklometrischen Funktionen sind also die inversen der trigonometrischen.

3. $y = x^m$ läßt sich, wenn m eine der Zahlen $1, 3, 5, \ldots$ in jedem Intervall (a, b) umkehren, weil $y' = m\, x^{m-1}$ (da $m-1$ gerade) positiv ist und nur für $x = 0$ verschwindet. Die Umkehrung lautet $\sqrt[m]{y}$.

Ist m eine der Zahlen $2, 4, 6, \ldots$, so läßt sich $y = x^m$ nicht in jedem Intervall umkehren, wohl aber in jedem Intervall, welches die Null nicht umschließt. In $(0, \infty)$ lautet die Umkehrung $x = +y^{\frac{1}{m}}$, in $(0, -\infty)$ dagegen $x = -y^{\frac{1}{m}}$.

§ 36. Differentiation der inversen Funktionen.

$y = f(x)$ sei für $a \leq x \leq b$ stetig und nehme beständig zu, wenn x von a bis b wächst.

Es existiere überdies in (a, b) überall die Ableitung $f'(x)$ und sie sei nirgends null*).

Ist y eine feste und $y + k$ irgend eine andere Zahl zwischen A und B, ist ferner $x = \varphi(y)$ und $x + h = \varphi(y + k)$, so hat man

$$\frac{\varphi(y+k) - \varphi(y)}{k} = \frac{h}{f(x+h) - f(x)} = \frac{1}{\dfrac{f(x+h) - f(x)}{h}}$$

folglich

$$\lim_{k \to 0} \frac{\varphi(y+k) - \varphi(y)}{k} = \frac{1}{f'(x)},$$

weil mit k auch h nach Null konvergiert.

---

*) Nach der Bemerkung am Schluß von § 34 ist dann $f'(x)$ stets positiv.

Die inverse Funktion hat also zwischen A und B überall eine Ableitung $\varphi'(y)$, und es ist

$$\varphi'(y) = \frac{1}{f'(x)}.$$

Nachdem wir bewiesen haben, daß $\varphi'(y)$ existiert, können wir uns bei der wirklichen Berechnung von $\varphi'(y)$ der in § 32 gegebenen Regel bedienen. Danach ist das Differential von $y = f(x)$ immer

$$dy = f'(x)dx,$$

ob wir nun x oder y als unabhängige Veränderliche betrachten. Nehmen wir y als unabhängige Veränderliche, so liefert uns diese Gleichung

$$\frac{dx}{dy} = \varphi'(y) = \frac{1}{f'(x)}.$$

Geometrisch betrachtet ist diese Relation zwischen $f'(x)$ und $\varphi'(y)$ etwas Selbstverständliches (vgl. Fig. 12). $f'(x)$ und $\varphi'(y)$ sind Richtungskonstanten der Kurventangente in P, und zwar $f'(x)$ in Bezug auf die x-Achse, $\varphi'(y)$ in Bezug auf die y-Achse. Daraus sieht man, daß jede der reziproke Wert der andern sein muß (wie $\cot \varphi$ von $\operatorname{tg} \varphi$).

§ 37. Differentiation der zyklometrischen Funktionen.

1.
$$y = \arcsin x$$

hat die Umkehrung $x = \sin y$. Für $-1 < x < 1$ ist

$$dx = \cos y\, dy$$

und

$$dy = \frac{dx}{\cos y},$$

also:

$$d \arcsin x = \frac{dx}{\sqrt{1-x^2}}.$$

Die Wurzel ist positiv zu nehmen, weil (nach der Definition von $\arcsin$) y zwischen $-\frac{\pi}{2}$ und $\frac{\pi}{2}$ liegt, also $\cos y > 0$ ist.

2.
$$y = \arccos x$$

hat die Umkehrung $x = \cos y$. Für $-1 < x < 1$ ist

$$dx = -\sin y\, dy,$$

und
$$dy = -\frac{dx}{\sin y},$$
also
$$d \text{ arc cos } x = -\frac{dx}{\sqrt{1-x^2}}.$$

Die Wurzel ist auch hier positiv zu nehmen, weil (nach der Definition von arc cos) y zwischen 0 und π liegt, also $\sin y > 0$ ist.

3. $\qquad y = \text{arc tg } x$

hat die Umkehrung $x = \text{tg } y$. Für jedes x ist (vgl. S. 53)
$$dx = (1 + \text{tg}^2 y) dy,$$
also
$$dy = \frac{dx}{1+x^2}$$
d. h.
$$d \text{ arc tg } x = \frac{dx}{1+x^2}.$$

4. $\qquad y = \text{arc cot } x$

hat die Umkehrung $x = \cot y$. Für jedes x ist (vgl. S. 53)
$$dx = -(1 + \cot^2 y) dy,$$
also
$$dy = -\frac{dx}{1+x^2},$$
d. h.
$$d \text{ arc cot } x = -\frac{dx}{1+x^2}.$$

§ 38. Differentiation der Potenzreihen.

Die Potenzreihe $a_0 + a_1 x + a_2 x^2 + \cdots$, deren Konvergenzradius nicht gleich Null sei, stellt im Innern des Konvergenzintervalls eine Funktion $f(x)$ dar. Wir wollen jetzt versuchen, die Ableitung von
$$f(x) = a_0 + a_1 x + a_2 x^2 + \cdots$$
zu berechnen.

Wären „fast alle" Koeffizienten gleich Null, also $f(x)$ eine ganze rationale Funktion, so hätten wir
$$f'(x) = a_1 + 2 a_2 x + 3 a_3 x^2 + \cdots$$

Differentiation der Potenzreihen.

Wir werden beweisen, daß diese Formel immer gilt. Zunächst zeigen wir folgendes.

Die Potenzreihe

$$a_1 + 2a_2 x + 3a_3 x^2 + \cdots,$$

hat denselben Konvergenzradius wie

$$a_0 + a_1 x + a_2 x^2 + \cdots$$

Ist x ein beliebiger Wert im Innern des Konvergenzintervalles von $a_0 + a_1 x + a_2 x^2 + \cdots$, so können wir im Innern dieses Intervalles x_0 so wählen, daß $|x| < |x_0|$ ist. Wir wissen (vgl. S. 41), daß sich die Zahlen $a_n x_0^n$, also auch die Zahlen $a_n x_0^{n-1}$, alle in ein endliches Intervall $(-G, G)$ einschließen lassen, so daß $|a_n x_0^n| < G$ ist. Nun hat man aber

$$n a_n x^{n-1} = a_n x_0^{n-1} \cdot n \left(\frac{x}{x_0}\right)^{n-1}$$

folglich

$$|n a_n x^{n-1}| < G \cdot n q^{n-1}. \qquad \left(q = \frac{x}{x_0}\right)$$

Da $|q| < 1$ ist, so konvergiert die Reihe (vgl. S. 40)

$$1 + 2q + 3q^2 + \cdots$$

also auch

$$|a_1| + |2a_2 x| + |3a_3 x^2| + \cdots$$

Ist x ein Wert im Innern des Konvergenzintervalls von $a_1 + 2a_2 x + 3a_3 x^2 + \cdots$, so konvergiert die Reihe

$$|a_1| + |2a_2 x| + |3a_3 x^2| + \cdots,$$

also auch die Reihe $|a_1 x| + 2|a_2 x^2| + 3|a_3 x^3| + \cdots$ und um so mehr die Reihe $|a_0| + |a_1 x| + |a_2 x^2| + \cdots$

Auch die Reihe $2 \cdot 1 a_2 + 3 \cdot 2 a_3 x + 4 \cdot 3 a_4 x^2 + \cdots$, die aus $a_1 + 2a_2 x + 3a_3 x^2 + \cdots$ in derselben Weise*) entsteht wie diese aus $a_0 + a_1 x + a_2 x^2 + \cdots$, hat dasselbe Konvergenzintervall wie $a_0 + a_1 x + a_2 x^2 + \cdots$ Das Gleiche gilt von der Reihe $3 \cdot 2 \cdot 1 a_3 + 4 \cdot 3 \cdot 2 a_4 x + 5 \cdot 4 \cdot 3 a_5 x^2 + \cdots$ u. s. f.

Wie bisher seien x und x_0 zwei Werte im Innern des Konvergenzintervalls der Reihe $a_0 + a_1 x + a_2 x^2 + \cdots$, und es sei $|x| < |x_0|$ Unter h wollen wir eine nach Null konvergierende,

---

*) Nämlich durch gliedweise ausgeführte Differentiation.

aber von Null verschiedene Größe verstehen und annehmen*), daß auch $|x+h| < |x_0|$. Dann ist

$$\frac{f(x+h)-f(x)}{h} = a_1 \frac{(x+h)-x}{h} + a_2 \frac{(x+h)^2-x^2}{h}$$
$$+ a_3 \frac{(x+h)^3-x^3}{h} + \cdots$$

Subtrahieren wir hiervon

$$\varphi(x) = a_1 + 2a_2 x + 3a_3 x^2 + \cdots,$$

so kommt:

$$\frac{f(x+h)-f(x)}{h} - \varphi(x) = a_2 \left\{\frac{(x+h)^2-x^2}{h} - 2x\right\}$$
$$+ a_3 \left\{\frac{(x+h)^3-x^3}{h} - 3x^2\right\} + \cdots$$

Nach dem Mittelwertsatz ist nun:

$$\frac{(x+h)^n - x^n}{h} = n\xi_n^{n-1},$$

wobei ξ_n zwischen x und $x+h$ liegt. Es wird hiernach

$$\frac{(x+h)^n - x^n}{h} - nx^{n-1} = n(\xi_n^{n-1} - x^{n-1}).$$

Auf Grund des Mittelwertsatzes ist aber ferner

$$\xi_n^{n-1} - x^{n-1} = (\xi_n - x)(n-1)\bar{\xi}_n^{n-2},$$

wobei $\bar{\xi}_n$ zwischen x und ξ_n, also sicher zwischen x und $x+h$ liegt. Alles in allem ist also:

$$\frac{(x+h)^n - x^n}{h} - nx^{n-1} = n(n-1)\bar{\xi}_n^{n-2}(\xi_n - x),$$

mithin

$$\left|\frac{(x+h)^n - x^n}{h} - nx^{n-1}\right| < n(n-1)|x_0|^{n-2}|h|,$$

weil

$$|\bar{\xi}_n| < |x_0| \text{ und } |\xi_n - x| < |h|.$$

Jetzt können wir aber schreiben**):

$$\left|\frac{f(x+h)-f(x)}{h} - \varphi(x)\right| < |h|(2\cdot 1|a_2| + 3\cdot 2|a_3 x_0| + \cdots)$$

---

*) Diese Annahme ist wegen $\lim h = 0$ erlaubt.
**) Bei einer absolut konvergenten Reihe ist $|u_1 + u_2 + \cdots|$ kleiner oder gleich $|u_1| + |u_2| + \cdots$

Daraus folgt
$$\lim_{h=0}\left\{\frac{f(x+h)-f(x)}{h}-\varphi(x)\right\}=0$$
ober
$$\lim_{h=0}\frac{f(x+h)-f(x)}{h}=\varphi(x),\text{ also }\varphi(x)=f'(x).$$

Die Potenzreihe $a_0 + a_1 x + a_2 x^2 + \cdots$ hat also im Innern ihres Konvergenzintervalls überall die Ableitung $a_1 + 2a_2 x + 3a_3 x^2 + \cdots$ Man erhält sie, indem man die Reihe $a_0 + a_1 x + a_2 x^2 + \cdots$ gliedweise differenziert.

§ 39. Anwendungen.

Berechnung der Logarithmen.

Es sei $|x| < 1$. Die Funktion
$$f(x) = \log(1+x)$$
hat die Ableitung*)
$$f'(x) = \frac{1}{1+x} = 1 - x + x^2 - \cdots \text{ (vgl. S. 33.)}$$
Diese Potenzreihe ist aber die Ableitung von
$$F(x) = \frac{x}{1} - \frac{x^2}{2} + \frac{x^3}{3} - \cdots$$
Es ist also
$$F'(x) = f'(x), \text{ d. h. } (F(x) - f(x))' = 0.$$
Daraus folgt (vgl. S. 58)
$$F(x) - f(x) = c$$
(c eine Konstante). Nun hat man aber $F(0) = f(0) = 0$, also auch $c = 0$. Mithin ist $F(x) = f(x)$, also
$$\log(1+x) = \frac{x}{1} - \frac{x^2}{2} + \frac{x^3}{3} - \cdots \qquad (|x| < 1)$$
In dieser Reihe dürfen wir, weil dabei $|x| < 1$ bleibt, x durch $-x$ ersetzen. Wir erhalten dadurch
$$\log(1-x) = -\frac{x}{1} - \frac{x^2}{2} - \frac{x^3}{3} - \cdots$$

---

*) Man denke an die Differentiation der zusammengesetzten Funktionen.

Subtrahiert man diese beiden Reihen, so ergibt sich für
$$\log(1+x) - \log(1-x) = \log\frac{1+x}{1-x}$$
die Formel
$$\log\frac{1+x}{1-x} = 2\left(\frac{x}{1} + \frac{x^3}{3} + \frac{x^5}{5} + \cdots\right). \quad (|x| < 1)$$

Ist n eine der Zahlen 1, 2, 3, ..., so darf man in dieser Formel offenbar
$$x = \frac{1}{2n+1}$$
setzen. Dann wird aber
$$\frac{1+x}{1-x} = \frac{2n+2}{2n} = \frac{n+1}{n},$$
und man erhält
$$\log(n+1) - \log n = 2\left(\frac{1}{2n+1} + \frac{1}{3(2n+1)^3} + \frac{1}{5(2n+1)^5} + \cdots\right).$$

Für $n=1$ liefert diese Formel
$$\log 2 = 2\left(\frac{1}{3} + \frac{1}{3\cdot 3^3} + \frac{1}{5\cdot 3^5} + \cdots\right)$$
$$= \frac{2}{3}\left(1 + \frac{1}{3}\frac{1}{9} + \frac{1}{5}\frac{1}{9^2} + \cdots\right).$$

Setzt man
$$s_\nu = \frac{2}{3}\left(1 + \frac{1}{3}\frac{1}{9} + \cdots + \frac{1}{2\nu-1}\frac{1}{9^{\nu-1}}\right),$$
so wird
$$\log 2 = s_\nu + \varepsilon_\nu,$$
und man hat
$$\varepsilon_\nu < \frac{2}{3(2\nu+1)9^\nu}\left(1 + \frac{1}{9} + \frac{1}{9^2} + \cdots\right)$$
also
$$\varepsilon_\nu < \frac{1}{12(2\nu+1)9^{\nu-1}}.$$

Hiernach ist es leicht, $\log 2$ mit vorgeschriebener Genauigkeit zu berechnen.

Für $n=4$ liefert unsere Formel
$$\log 5 - \log 4 = 2\left(\frac{1}{9} + \frac{1}{3\cdot 9^3} + \frac{1}{5\cdot 9^5} + \cdots\right).$$

Berechnung der Logarithmen.

Also ist
$$\log 5 = 2 \log 2 + \frac{2}{9}\left(1 + \frac{1}{3\cdot 81} + \frac{1}{5\cdot 81^2} + \cdots\right).$$

Hieraus läßt sich $\log 5$ mit vorgeschriebener Genauigkeit berechnen. Wir können also auch $\log 2 + \log 5 = \log 10$ beliebig genau berechnen und
$$M = \frac{1}{\log 10},\text{*)}$$
den Modul (vgl. S. 52) der gemeinen Logarithmen (d. h. der Logarithmen zur Basis 10). Multiplizieren wir die Formel für $\log(n+1) - \log n$ mit M und schreiben statt $^{10}\log$ kurz Log, so gewinnen wir
$$\text{Log}(n+1) - \text{Log}\,n$$
$$= 2M\left(\frac{1}{2n+1} + \frac{1}{3(2n+1)^3} + \frac{1}{5(2n+1)^5} + \cdots\right).$$

Mit Hilfe dieser Formel läßt sich eine Logarithmentafel berechnen. Wünscht man die Logarithmen der ganzen Zahlen von 1 bis 10^5, so genügt es, die Logarithmen der 5-stelligen Zahlen zu berechnen (denn es ist z. B. $\text{Log}\,13 = \text{Log}\frac{13000}{10^3} = -3 + \text{Log}\,13000$). In obiger Formel ist also $n \geq 10^4$. Setzt man nun
$$\text{Log}(n+1) - \text{Log}\,n = \frac{2M}{2n+1} + \delta_n,$$
so wird (weil $2M < 1$)
$$\delta_n < \frac{1}{3(2n+1)^3}\left(1 + \frac{1}{(2n+1)^2} + \frac{1}{(2n+1)^4} + \cdots\right)$$
oder, da
$$1 + \frac{1}{(2n+1)^2} + \frac{1}{(2n+1)^4} + \cdots = \frac{1}{1 - \frac{1}{(2n+1)^2}} = \frac{(2n+1)^2}{2n(2n+2)}$$
ist,
$$\delta_n < \frac{1}{12n(n+1)(2n+1)} < \frac{1}{24n^3} < \frac{1}{10^{13}}.$$

Kennt man also $\text{Log}\,n$ (wie es z. B. bei der Annahme $n = 10^4$ der Fall ist), so ist
$$\text{Log}(n+1) = \text{Log}\,n + \frac{2M}{n+1}$$
bis auf weniger als eine Einheit in der 13. Dezimale.

---
*) Man findet $M = 0{,}4342944819\ldots$

Berechnung der Zahl π.

Es sei wieder $|x| < 1$. Die Funktion
$$\varphi(x) = \text{arc tg } x$$
hat die Ableitung
$$\varphi'(x) = \frac{1}{1+x^2} = 1 - x^2 + x^4 - \cdots$$
Diese Potenzreihe ist aber die Ableitung von
$$\Phi(x) = x - \frac{x^3}{3} + \frac{x^5}{5} - \cdots$$
Es ist also
$$\Phi'(x) = \varphi'(x)$$
folglich
$$\Phi(x) - \varphi(x) = c.$$
c ist aber, weil $\Phi(0) = 0$ und $\varphi(0) = 0$, gleich Null, mithin
$$\text{arc tg } x = x - \frac{x^3}{3} + \frac{x^5}{5} - \cdots \qquad (|x| < 1)$$
Setzen wir*)
$$s = 1 - \frac{1}{3} + \frac{1}{5} - \cdots,$$
so wird, wenn $0 < x_n < 1$ ist,
$$s - \text{arc tg } x_n = 1 - x_n - \frac{1-x_n^3}{3} + \frac{1-x_n^5}{5} - \cdots$$
eine alternierende Reihe, in welcher die Beträge der Glieder eine absteigende Folge bilden. In der Tat ist nach dem in § 31 bewiesenen verallgemeinerten Mittelwertsatz, wenn wir $f(x) = x^{2\nu+1}$, $g(x) = x^{2\nu-1}$ setzen**),
$$\frac{1 - x_n^{2\nu+1}}{1 - x_n^{2\nu-1}} = \frac{f(1) - f(x_n)}{g(1) - g(x_n)} = \frac{f'(\xi_n)}{g'(\xi_n)}$$
$$= \frac{(2\nu+1)\xi_n^{2\nu}}{(2\nu-1)\xi_n^{2\nu-2}} = \frac{2\nu+1}{2\nu-1}\xi_n^2 < \frac{2\nu+1}{2\nu-1},$$
weil $x_n < \xi_n < 1$. Hieraus folgt aber
$$\frac{1 - x_n^{2\nu+1}}{2\nu+1} < \frac{1 - x_n^{2\nu-1}}{2\nu-1}.$$

---
*) Diese Reihe ist konvergent (vgl. S. 33).
**) Die Bedingung $g'(x) \gtreqless 0$ ist erfüllt.

Berechnung der Zahl π.

Bei einer alternierenden Reihe dieser Art sind aber, wie wir wissen, die Partialsummen mit ungeradem Index größer, die mit geradem Index kleiner als die Summe der Reihe. Mithin ist

$$1 - x_n - \frac{1-x_n^3}{3} < s - \text{arc tg } x_n < 1 - x_n.$$

Lassen wir nun x_n nach 1 konvergieren (wobei aber immer $x_n < 1$ bleibt), so ergibt sich

$$\lim (s - \text{arc tg } x_n) = 0,$$

also

$$\lim \text{arc tg } x_n = \text{arc tg } 1 = s.$$

Damit ist bewiesen, daß unsere Formel für arc tg x auch im Falle $x = 1$ noch gilt*). Da nun arc tg $1 = \frac{\pi}{4}$ ist, so haben wir

$$\frac{\pi}{4} = 1 - \frac{1}{3} + \frac{1}{5} - \frac{1}{7} + \cdots$$

Das ist die **Leibnizsche Reihe** für $\frac{\pi}{4}$, die aber für die Berechnung von π sehr ungeeignet ist.

Am bequemsten wird die Berechnung von π, wenn man sich folgender Überlegung bedient.

Aus den Formeln für $\cos(\varphi_1 \pm \varphi_2)$ und $\sin(\varphi_1 \pm \varphi_2)$ folgt

$$\text{tg}(\varphi_1 \pm \varphi_2) = \frac{\text{tg } \varphi_1 \pm \text{tg } \varphi_2}{1 \mp \text{tg } \varphi_1 \text{ tg } \varphi_2}.$$

Ist nun tg $\varphi = \frac{1}{5}$, so wird nach dieser Formel

$$\text{tg } 2\varphi = \frac{5}{12},$$

$$\text{tg } 4\varphi = \frac{120}{119} = 1 + \frac{1}{119},$$

$$\text{tg}\left(4\varphi - \frac{\pi}{4}\right) = \frac{\text{tg } 4\varphi - 1}{\text{tg } 4\varphi + 1} = \frac{1}{239}.$$

Hiernach hat man

$$4\varphi - \frac{\pi}{4} = \text{arc tg } \frac{1}{239}.$$

---

*) In ähnlicher Weise zeigt man, daß die Formel für $\log(1+x)$ auch im Falle $x = 1$ noch gilt, daß also $\log 2 = 1 - \frac{1}{2} + \frac{1}{3} - \frac{1}{4} + \cdots$ ist.

Andererseits ist $\varphi = \text{arc tg}\, \frac{1}{5}$, also

$$\frac{\pi}{4} = 4\,\text{arc tg}\,\frac{1}{5} - \text{arc tg}\,\frac{1}{239},$$

d. h.

$$\frac{\pi}{4} = 4\left(\frac{1}{5} - \frac{1}{3\cdot 5^3} + \frac{1}{5\cdot 5^5} - \cdots\right)$$
$$- \left(\frac{1}{239} - \frac{1}{3\cdot 239^3} + \frac{1}{5\cdot 239^5} - \cdots\right)$$

Nach dieser Formel hat man π bis auf 707 Dezimalstellen berechnet. Es gibt ein paar französische Verse, mit deren Hilfe man sich die ersten 30 Ziffern von π merken kann. Sie lauten:

Que j' aime à faire apprendre un nombre utile aux sages!
Immortel Archimède, artiste ingénieur,
Qui de ton jugement peut priser la valeur!
Pour moi ton problème eut de pareils avantages.

Ersetzt man jedes Wort durch die Zahl seiner Buchstaben, so erhält man die ersten 31 Ziffern von π; hinter der ersten von ihnen steht das Komma. Auf diese Weise ergibt sich:

$$\pi = 3,1415926535897932384626433832 79\ldots$$

Der binomische Lehrsatz.

Wir schicken folgende Bemerkung voraus:

Wenn zwei Potenzreihen für $|x| < \varrho$ konvergieren und dieselbe Summe haben, so sind sie überhaupt miteinander identisch. Ist nämlich für $|x| < \varrho$

$$a_0 + a_1 x + a_2 x^2 + \cdots = b_0 + b_1 x + b_2 x^2 + \cdots,$$

so ist auch (vergl. § 38)

$$a_1 + 2 a_2 x + 3 a_3 x^2 + \cdots = b_1 + 2 b_2 x + 3 b_3 x^2 \cdots$$

Diese Gleichung kann man wieder differenzieren usf. Setzt man überall $x = 0$, so ergibt sich, daß allgemein $a_n = b_n$ ist.

Es sei nunmehr m eine positive ganze Zahl. Wenn man

$$(1+x)^m = (1+x)(1+x)\cdots(1+x)$$

ausmultipliziert, so ergibt sich ein Resultat von folgender Form:

$$(1+x)^m = 1 + c_1 x + c_2 x^2 + c_3 x^3 + \cdots {}^*)$$

---

*) $c_{m+1}, c_{m+2}, \ldots$ sind alle null.

Die Binomialformel.

Durch Differentiation erhält man
$$m(1+x)^{m-1} = c_1 + 2c_2 x + 3c_3 x^2 + \cdots$$
Multipliziert man beiderseits mit $1+x$, so kommt
$$m(1+x)^m = c_1 + 2c_2 x + 3c_3 x^2 + \cdots$$
$$+ c_1 x + 2c_2 x^2 + \cdots$$
Andererseits ist aber
$$m(1+x)^m = m + mc_1 x + mc_2 x^2 + \cdots$$
Daraus folgt
$$c_1 = m, \quad 2c_2 = (m-1)c_1, \quad 3c_3 = (m-2)c_2, \ldots,$$
also
$$c_1 = \frac{m}{1}, \quad c_2 = \frac{m(m-1)}{1 \cdot 2}, \quad c_3 = \frac{m(m-1)(m-2)}{1 \cdot 2 \cdot 3}, \ldots$$

Man pflegt
$$\frac{m(m-1)(m-2) \cdots (m-k+1)}{1 \cdot 2 \cdot 3 \cdots k} \qquad (k = 1, 2, 3, \ldots)$$
mit $\binom{m}{k}$ oder $(m)_k$ zu bezeichnen.*)

Nach dem Obigen ist dann
$$(1+x)^m = 1 + \binom{m}{1}x + \binom{m}{2}x^2 + \cdots \text{**})$$

Diese Formel ist der binomische Lehrsatz (die Binomialformel) für positive ganzzahlige Exponenten.

Wir wissen, daß für $|x| < 1$
$$\frac{1}{1+x} = (1+x)^{-1} = 1 - x + x^2 - \cdots$$
ist. Da nun
$$\binom{-1}{k} = \frac{(-1)(-2) \cdots (-k)}{1 \cdot 2 \cdots k} = (-1)^k \qquad (k = 1, 2, 3, \ldots)$$
ist, so können wir schreiben
$$(1+x)^{-1} = 1 + \binom{-1}{1}x + \binom{-1}{2}x^2 + \cdots$$

---
*) Diese Bezeichnung wendet man auch an, wenn m nicht ganz und positiv, sondern eine beliebige andere Zahl ist.
**) Die Reihe bricht ab, da $(m)_k$ für $k > m$ verschwindet.

Die Binomialformel gilt also auch (vorausgesetzt, daß $|x|<1$ ist) für den Exponenten -1.

Wir wollen jetzt eine Potenzreihe suchen, die im Innern ihres Konvergenzintervalls mit sich selbst multipliziert $1+x$ liefert. Ihr Anfangsglied ist offenbar gleich ± 1. Wir können aber annehmen, daß es gleich 1 ist.*) Dann lautet die Potenzreihe

$$1 + a_1 x + a_2 x^2 + \cdots,$$

und es soll also im Innern ihres Konvergenzintervalls

$$(1 + a_1 x + a_2 x^2 + \cdots)(1 + a_1 x + a_2 x^2 + \cdots) = 1 + x$$

sein. Differenzieren wir, so kommt

$$2(1 + a_1 x + a_2 x^2 + \cdots)(a_1 + 2 a_2 x + 3 a_3 x^2 + \cdots) = 1.$$

Multiplizieren wir auf beiden Seiten mit $1 + a_1 x + a_2 x^2 + \cdots$, so ergibt sich

$$2(1+x)(a_1 + 2 a_2 x + 3 a_3 x^2 + \cdots) = 1 + a_1 x + a_2 x^2 + \cdots$$

d. h.

$$a_1 + (2 a_2 + a_1)x + (3 a_3 + 2 a_2)x^2 + \cdots = \tfrac{1}{2}(1 + a_1 x + a_2 x^2 + \cdots).$$

Hieraus folgt

$$a_1 = \tfrac{1}{2}, \quad 2 a_2 = a_1\left(\tfrac{1}{2} - 1\right), \quad 3 a_3 = a_2\left(\tfrac{1}{2} - 2\right), \cdots,$$

also

$$a_1 = \left(\tfrac{1}{2}\right)_1, \quad a_2 = \left(\tfrac{1}{2}\right)_2, \quad a_3 = \left(\tfrac{1}{2}\right)_3, \cdots$$

Da

$$\frac{a_{n-1} x^{n-1}}{a_n x^n} = \frac{n}{\tfrac{1}{2} - n + 1}\, x$$

dem Grenzwert $-x$ zustrebt, so hat die Potenzreihe

$$1 + \left(\tfrac{1}{2}\right)_1 x + \left(\tfrac{1}{2}\right)_2 x^2 + \cdots$$

den Konvergenzradius 1 (vgl. S. 34). Setzen wir

$$f(x) = 1 + \left(\tfrac{1}{2}\right)_1 x + \left(\tfrac{1}{2}\right)_2 x^2 + \cdots, \quad (-1 < x < 1)$$

so ist nach dem Obigen

$$2 f'(x)(1+x) = f(x)$$

---

*) Andernfalls multiplizieren wir die Reihe mit -1.

Die Binomialformel.

oder, wenn wir durch $2(1+x)^{\frac{1}{2}}$ dividieren,

$$\frac{(1+x)^{\frac{1}{2}}f'(x) - f(x)\frac{1}{2}(1+x)^{-\frac{1}{2}}}{1+x} = 0,$$

d. h.

$$\left(\frac{f(x)}{(1+x)^{\frac{1}{2}}}\right)' = 0,$$

also

$$f(x) = c(1+x)^{\frac{1}{2}}.$$

Die Konstante c ist aber gleich 1, weil für $x=0$ sowohl $f(x)$ als auch $(1+x)^{\frac{1}{2}}$ gleich 1 wird. Es ist somit

$$(1+x)^{\frac{1}{2}} = 1 + \binom{\frac{1}{2}}{1}x + \binom{\frac{1}{2}}{2}x^2 + \cdots$$
$$(-1 < x < 1)$$

Die Binomialformel gilt also auch für den Exponenten $\frac{1}{2}$, wenn $|x| < 1$, aber nicht, wenn $|x| > 1$ ist.

Jetzt sei μ eine beliebige, aber von 0, 1, 2, 3, ... verschiedene Zahl. Wir suchen eine Potenzreihe, die für $|x| < 1$ gleich $(1+x)^{\mu}$ ist. Sie hat die Form $1 + b_1 x + b_2 x^2 + \cdots$, und wir verlangen, daß für $|x| < 1$

$$1 + b_1 x + b_2 x^2 + \cdots = (1+x)^{\mu}$$

sein soll. Durch Differentiation ergibt sich*)

$$b_1 + 2b_2 x + 3b_3 x^2 + \cdots = \mu(1+x)^{\mu-1}.$$

Multipliziert man beiderseits mit $1+x$, so kommt

$$(1+x)(b_1 + 2b_2 x + 3b_3 x^2 + \cdots) = \mu(1 + b_1 x + b_2 x^2 + \cdots).$$

Daraus folgt

$$b_1 = \binom{\mu}{1}, \quad b_2 = \binom{\mu}{2}, \quad b_3 = \binom{\mu}{3}, \quad \cdots$$

so daß $\dfrac{b_{n-1} x^{n-1}}{b_n x^n} = \dfrac{n}{\mu - n + 1} x$ nach $-x$ konvergiert und die Potenzreihe

$$1 + \binom{\mu}{1}x + \binom{\mu}{2}x^2 + \cdots$$

---
*) Vgl. die Differentiationsregel in Nr. 2 des § 33.

ben Konvergenzradius 1 hat. Setzen wir

$$\varphi(x) = 1 + \binom{\mu}{1}x + \binom{\mu}{2}x^2 + \cdots, \qquad (-1 < x < 1)$$

so ist nach dem Obigen

$$(1+x)\varphi'(x) = \mu\varphi(x)$$

oder, wenn man mit $(1+x)^{\mu-1}$ multipliziert und durch $(1+x)^{2\mu}$ dividiert,

$$\frac{(1+x)^{\mu}\varphi'(x) - \mu(1+x)^{\mu-1}\varphi(x)}{(1+x)^{2\mu}} = 0,$$

d. h.

$$\left(\frac{\varphi(x)}{(1+x)^{\mu}}\right)' = 0,$$

also

$$\varphi(x) = c(1+x)^{\mu}.$$

Die Konstante c ist aber gleich 1, weil $\varphi(x)$ und $(1+x)^{\mu}$ für $x = 0$ beide gleich 1 sind. Es ist demnach

$$(1+x)^{\mu} = 1 + \binom{\mu}{1}x + \binom{\mu}{2}x^2 + \cdots$$

$$(-1 < x < 1).$$

Die Binomialformel gilt also, wenn $|x| < 1$ ist, für jeden Exponenten.

§ 40. Höhere Ableitungen und Differentiale.

Die Funktion $f(x)$ habe in dem Intervall (a, b) überall eine Ableitung $f'(x)$. Es kann sein, daß $f'(x)$ in (a, b) wieder eine Ableitung hat. Diese bezeichnen wir dann mit $f''(x)$ und nennen sie die zweite Ableitung von $f'(x)$. Hat $f''(x)$ in (a, b) wieder eine Ableitung, so bezeichnen wir sie mit $f'''(x)$ und nennen sie die dritte Ableitung von $f(x)$ usw. Es ist also

$$\frac{df(x)}{dx} = f'(x), \qquad \frac{df'(x)}{dx} = f''(x), \qquad \frac{df''(x)}{dx} = f'''(x), \cdots$$

oder

$$df(x) = f'(x)dx, \quad df'(x) = f''(x)dx, \quad df''(x) = f'''(x)dx, \cdots$$

Man betrachtet in der Differentialrechnung, wenn x die unabhängige Veränderliche ist, dx als eine von x gänzlich

Höhere Ableitungen und Differentiale.

unabhängige Größe. Stellt man sich auf diesen Standpunkt, so ist das Differential von $df(x)$

$$ddf(x) = df'(x) \cdot dx = f''(x)dx^2,$$

das Differential hiervon

$$dddf(x) = df''(x) \cdot dx^2 = f'''(x)dx^3$$

usw. Man schreibt statt $ddf(x)$, $dddf(x)$, ...

$$d^2f(x), \qquad d^3f(x), \ldots \text{*})$$

und nennt diese Größen das 2-te, 3-te, ... Differential von $f(x)$. Das n-te Differential hängt daher mit der n-ten Ableitung durch die Formel

$$d^n f(x) = f^{(n)}(x) dx^n$$

zusammen. Hiernach ist

$$f^{(n)}(x) = \frac{d^n f(x)}{dx^n} \text{**}),$$

d. h. die n-te Ableitung von $f(x)$ gleich dem n-ten Differential von $f(x)$ dividiert durch die n-te Potenz von dx.

Es sei jetzt (wie in § 32) $y = F(u)$ eine Funktion von u in (α, β); ferner sei $u = f(x)$ eine Funktion von x in (a, b), deren Werte in dem Intervall (α, β) liegen. Dann läßt sich y auch als Funktion von x betrachten, und zwar ist $y = F(f(x))$. Wir wollen die sukzessiven Differentiale dieser Funktion berechnen. Wir nehmen an, daß in (α, β) überall die Ableitungen

$$F'(u), F''(u), \ldots$$

ebenso in (a, b) überall die Ableitungen

$$f'(x), f''(x), \ldots$$

existieren, soweit sie in unsern Formeln auftreten.

Zunächst ist (nach § 32)

$$dy = F'(u) du$$

Daraus ergibt sich (nach der Regel für die Differentiation eines Produkts)

$$d^2 y = dF'(u) \cdot du + F'(u) d^2 u$$

---
*) Man liest dies: d zwei $f(x)$, d drei $f(x)$, ...

**) Statt $(dx)^n$ schreibt man kurz dx^n.

ober, da nach § 32
$$dF'(u) = F''(u)du$$
ift,
$$d^2y = F''(u)du^2 + F'(u)d^2u.$$

Weiter findet man
$$d^3y = F'''(u)du^3 + 3F''(u)du\,d^2u + F'(u)d^3u$$
ufw.

Nur die erste von diesen Formeln, d. h. $dy = F'(u)du$, sieht so aus, als wenn u die unabhängige Veränderliche wäre. Es gibt aber einen speziellen Fall, wo sie alle so aussehen. Ist nämlich $u = \lambda x + \mu$ (λ und μ Konstanten und $\lambda \gtreqless 0$), so wird $du = \lambda dx$, also
$$d^2u = 0,\ d^3u = 0,\ \ldots,$$
so daß allgemein
$$d^n y = F^{(n)}(u)du^n$$
wird und
$$F^{(n)}(u) = \frac{d^n y}{du^n}.$$

Im allgemeinen ist jedoch, für $n > 1$, $F^{(n)}(u)$ keineswegs gleich $d^n y$ dividiert durch du^n.

§ 41. Beispiele.

1. Wir fanden (§ 29), daß
$$(\sin x)' = \sin\left(x + \frac{\pi}{2}\right), \quad (\cos x)' = \cos\left(x + \frac{\pi}{2}\right)$$
ist. Mithin wird
$$(\sin x)'' = \sin\left(x + 2\frac{\pi}{2}\right), \quad (\cos x)'' = \cos\left(x + 2\frac{\pi}{2}\right)$$
und allgemein
$$(\sin x)^{(n)} = \sin\left(x + n\frac{\pi}{2}\right), \quad (\cos x)^{(n)} = \cos\left(x + n\frac{\pi}{2}\right).$$

2. Wir wissen, daß $(e^x)' = e^x$ ist. Folglich wird
$$(e^x)^{(n)} = e^x.$$
Die Funktion e^x hat also die Eigentümlichkeit, daß ihre sämtlichen Ableitungen ebenfalls gleich e^x sind.

3. Die Reihe
$$c_0 + c_1(x - x_0) + c_2(x - x_0)^2 + \cdots$$

Der Taylorsche Lehrsatz.

konvergiere für $|x - x_0| < \varrho$. Nennen wir ihre Summe $f(x)$, so ist (vgl. § 38) im Innern von $(x_0 - \varrho, x_0 + \varrho)$

$$f(x) = c_0 + c_1(x - x_0) + c_2(x - x_0)^2 + \cdots,$$
$$f'(x) = c_1 + 2c_2(x - x_0) + 3c_3(x - x_0)^2 + \cdots,$$
$$f''(x) = 2c_2 + 3 \cdot 2 c_3(x - x_0) + 4 \cdot 3 c_4(x - x_0)^2 + \cdots,$$
$$f'''(x) = 3 \cdot 2 c_3 + 4 \cdot 3 \cdot 2 c_4(x - x_0) + 5 \cdot 4 \cdot 3 c_5(x - x_0)^2 + \cdots,$$

. . . .

Hieraus folgt
$$c_0 = f(x_0), \quad c_1 = \frac{f'(x_0)}{1!}, \quad c_2 = \frac{f''(x_0)}{2!}, \quad c_3 = \frac{f'''(x_0)}{3!}, \ldots$$

Es ist also für $|x - x_0| < \varrho$

$$f(x) = f(x_0) + \frac{x - x_0}{1!} f'(x_0) + \frac{(x - x_0)^2}{2!} f''(x_0)$$
$$+ \frac{(x - x_0)^3}{3!} f'''(x_0) + \cdots$$

§ 42. Der Taylorsche Lehrsatz.

Von $F(x)$ mögen in (a, b) die Ableitungen

$$F'(x), F''(x), \ldots, F^{(n)}(x)$$

existieren. x_0 und x_1 seien zwei Werte in (a, b). Wir wollen uns fragen, wie genau $F(x_1)$ durch

$$F(x_0) + \frac{x_1 - x_0}{1!} F'(x_0) + \cdots + \frac{(x_1 - x_0)^{n-1}}{(n-1)!} F^{(n-1)}(x_0)$$

dargestellt wird. Wir wollen uns also mit der Differenz

$$R_n = F(x_1) - F(x_0) - \frac{x_1 - x_0}{1!} F'(x_0) - \cdots$$
$$- \frac{(x_1 - x_0)^{n-1}}{(n-1)!} F^{(n-1)}(x_0)$$

beschäftigen. Setzen wir

$$\Phi(x) = F(x_1) - F(x) - \frac{x_1 - x}{1!} F'(x) - \cdots$$
$$- \frac{(x_1 - x)^{n-1}}{(n-1)!} F^{(n-1)}(x),$$

so ist $\Phi(x_0) = R_n$ und $\Phi(x_1) = 0$. Die Funktion $\Phi(x)$ hat auf Grund unserer Voraussetzungen in (a, b) eine Ableitung, und zwar findet man

$$\Phi'(x) = -\frac{(x_1-x)^{n-1}}{(n-1)!}F^{(n)}(x).$$

Nun wollen wir unsern verallgemeinerten Mittelwertsatz (§ 31) auf die beiden Funktionen $\Phi(x)$ und

$$\Psi(x) = (x_1-x)^p$$

anwenden (p eine positive ganze Zahl). Nach jenem Satze ist*)

$$\frac{\Phi(x_1)-\Phi(x_0)}{\Psi(x_1)-\Psi(x_0)} = \frac{\Phi'(\xi)}{\Psi'(\xi)},$$

d. h. es ist

$$\frac{R_n}{(x_1-x_0)^p} = \frac{(x_1-\xi)^{n-p}}{(n-1)!\,p}F^{(n)}(\xi).$$

Hieraus ergibt sich, wenn man

$$\xi = x_0 + \vartheta(x_1-x_0)$$

setzt,

$$R_n = \frac{(x_1-x_0)^n(1-\vartheta)^{n-p}}{(n-1)!\,p}F^{(n)}(x_0+\vartheta(x_1-x_0));$$

ϑ liegt zwischen 0 und 1.

Wir können somit folgenden Satz aussprechen: Wenn $F(x)$ in (a, b) n-mal differenzierbar ist und x und $x+h$ in (a, b) liegen, so gilt die Formel**)

$$F(x+h) = F(x) + \frac{h}{1!}F'(x) + \frac{h^2}{2!}F''(x) + \cdots$$
$$+ \frac{h^{n-1}}{(n-1)!}F^{(n-1)}(x) + R_n,$$

und man hat

$$R_n = \frac{h^n(1-\vartheta)^{n-p}}{(n-1)!\,p}F^{(n)}(x+\vartheta h).$$

Dabei ist p eine beliebig gewählte positive ganze Zahl und $0 < \vartheta < 1$.

Setzen wir $h = dx$, so lautet die Formel:

$$F(x+dx) = F(x) + \frac{dF(x)}{1!} + \frac{d^2F(x)}{2!} + \cdots + \frac{d^{n-1}F(x)}{(n-1)!} + R_n,$$

---
*) Die Bedingungen des Satzes sind alle erfüllt.
**) Man nennt sie die Taylorsche Formel.

und für R_n hat man

$$R_n = \frac{(1-\vartheta)^{n-p}}{(n-1)!\,p}\{d^n F(x)\}_{x+\vartheta h}. \quad (0 < \vartheta < 1)$$

$\{d^n F(x)\}_{x+\vartheta h}$ bedeutet, daß nach Bildung von $d^n F(x)$ für x zu setzen ist $x + \vartheta h$.

Noch kürzer schreibt sich unsere Formel, wenn wir $F(x) = y$ und $F(x + dx) - F(x) = \varDelta y$ setzen. Dann nimmt sie folgende Gestalt an:

$$\varDelta y = \frac{dy}{1!} + \frac{d^2 y}{2!} + \cdots + \frac{d^{n-1} y}{(n-1)!} + \frac{(1-\vartheta)^{n-p}}{(n-1)!\,p}(d^n y)_{x+\vartheta h}.$$
$$(0 < \vartheta < 1)$$

Für $p = n$ haben wir

$$\varDelta y = \frac{dy}{1!} + \frac{d^2 y}{2!} + \cdots + \frac{d^{n-1} y}{(n-1)!} + \frac{(d^n y)_{x+\vartheta h}}{n!},$$

für $p = 1$

$$\varDelta y = \frac{dy}{1!} + \frac{d^2 y}{2!} + \cdots + \frac{d^{n-1} y}{(n-1)!} + \frac{(1-\overline{\vartheta})^{n-1}}{(n-1)!}(d^n y)_{x+\overline{\vartheta} h}.$$

ϑ und $\overline{\vartheta}$ liegen beide zwischen 0 und 1.

§ 43. Die Taylorsche Reihe.

Wenn $F(x)$ in (a, b) unbeschränkt differenzierbar ist, d. h. alle Ableitungen besitzt, und x und $x + h$ in (a, b) liegen, so kann es sein, daß in der Taylorschen Formel

$$\lim_{n=\infty} R_n = 0$$

wird. Ist dies der Fall, so haben wir (vgl. § 17)

$$F(x + h) = F(x) + \frac{h}{1!} F'(x) + \frac{h^2}{2!} F''(x) + \cdots$$

Die rechte Seite dieser Formel nennt man die Taylorsche Reihe*) der Funktion $F(x)$.

Wenn für $n = 1, 2, 3, \ldots$ und für alle Werte ϑ zwischen 0 und 1

$$|F^{(n)}(x + \vartheta h)| < A$$

ist (A soll eine Konstante sein), so kann man sicher sein, daß R_n

---

*) Im Falle $x = 0$ nennt man sie die Mac-Laurinsche Reihe.

nach Null konvergiert. In der Tat ist für $p = n$

$$R_n = \frac{h^n}{n!} F^{(n)}(x + \vartheta h),$$

also

$$|R_n| < \frac{|h|^n}{n!} A.$$

Nun wissen wir aber (§ 22), daß die Reihe

$$1 + \frac{|h|}{1!} + \frac{|h|^2}{2!} + \cdots$$

konvergent ist. Daraus folgt

$$\lim \frac{|h|^n}{n!} = 0, \quad \text{mithin auch} \quad \lim R_n = 0.$$

§ 44. Beispiele.

1. e^x liegt mit seinen Ableitungen (die, wie wir wissen, alle gleich e^x sind) zwischen e^a und e^b, wenn x dem Intervall (a, b) angehört. $\sin x$ und $\cos x$ sind mit ihren sämtlichen Ableitungen dem Betrage nach kleiner als 1. Für alle diese Funktionen gilt folglich die Formel

$$F(x + h) = F(x) + \frac{h}{1!} F'(x) + \frac{h^2}{2!} F''(x) + \cdots$$

Ersetzen wir x durch 0 und h durch x, bilden wir also die Mac-Laurinsche Reihe

$$F(x) = F(0) + \frac{x}{1!} F'(0) + \frac{x^2}{2!} F''(0) + \cdots,$$

so finden wir

$$e^x = 1 + \frac{x}{1!} + \frac{x^2}{2!} + \frac{x^3}{3!} + \frac{x^4}{4!} + \frac{x^5}{5!} + \cdots,$$

$$\cos x = 1 \qquad - \frac{x^2}{2!} \qquad + \frac{x^4}{4!} \qquad - \cdots,$$

$$\sin x = \qquad \frac{x}{1!} \qquad - \frac{x^3}{3!} \qquad - \frac{x^5}{5!} + \cdots.$$

2. $y = \log(1 + x)$ hat für $x > -1$ alle Ableitungen. Es ist nämlich, wenn wir $1 + x = u$ setzen*),

---

*) Es liegt hier der Fall $u = \lambda x + \mu$ vor, den wir in § 40 besprachen.

Beispiele.

$$dy = u^{-1}du, \quad d^2y = (-1)u^{-2}du^2,$$
$$d^3y = (-1)(-2)u^{-3}du^3, \ldots,$$

also wegen $du = dx$

$$\frac{dy}{dx} = u^{-1}, \quad \frac{d^2y}{dx^2} = (-1)u^{-2}, \quad \frac{d^3y}{dx^3} = (-1)(-2)u^{-3}, \ldots,$$

$$\frac{d^ny}{dx^n} = (-1)(-2)\cdots(-n+1)u^{-n}.$$

Für $x = 0$ wird $\log(1+x)$ null, und die Ableitungen nehmen die Werte an:

$$1, \quad -1, \quad 1\cdot 2, \quad -1\cdot 2\cdot 3, \cdots, \quad (-1)^{n-1}1\cdot 2\cdot 3\cdots(n-1).$$

Die Mac-Laurinsche Formel lautet also:

$$\log(1+x) = \frac{x}{1} - \frac{x^2}{2} + \cdots + \frac{(-1)^{n-2}x^{n-1}}{n-1} + R_n, \quad (x > -1)$$

und man hat

$$R_n = (-1)^{n-1}\frac{(1-\vartheta)^{n-p}x^n}{p(1+\vartheta x)^n}. \quad (0 < \vartheta < 1)$$

Ist $|x| < 1$, so setze man $p = 1$ und schreibe

$$R_n = \frac{(-1)^{n-1}}{1+\vartheta x}\left(\frac{1-\vartheta}{1+\vartheta}\right)^{n-1}x^n.$$

Da ϑx zwischen $-\vartheta$ und ϑ liegt, so liegt

$$\frac{1-\vartheta}{1+\vartheta x} \quad \text{zwischen} \quad \frac{1-\vartheta}{1+\vartheta} \quad \text{und} \quad \frac{1-\vartheta}{1-\vartheta} = 1,$$

also zwischen 0 und 1. Außerdem ist offenbar $1 + \vartheta x \geqq 1 - \vartheta|x| > 1 - |x|$.

Also haben wir

$$|R_n| < \frac{|x|^n}{1-|x|},$$

folglich $\lim R_n = 0$ und

$$\log(1+x) = \frac{x}{1} - \frac{x^2}{2} + \frac{x^3}{3} - \cdots$$

Wenn $x = 1$ ist, so setze man $p = n$. Dann wird

$$R_n = (-1)^{n-1}\frac{1}{n}\cdot\frac{1}{(1+\vartheta)^n},$$

also
$$|R_n| < \frac{1}{n},$$
folglich $\lim R_n = 0$ und
$$\log 2 = 1 - \frac{1}{2} + \frac{1}{3} - \cdots$$

Alle diese Resultate sind uns schon bekannt, und wir wissen auch, daß die Reihe $\frac{x}{1} - \frac{x^2}{2} + \frac{x^3}{3} - \cdots$ für $x = -1$ und $|x| > 1$ nicht konvergiert, so daß also die Formel
$$\log(1 + x) = \frac{x}{1} - \frac{x^2}{2} + \frac{x^3}{3} - \cdots$$
nur für $-1 < x \leq 1$ gilt.

3. $y = (1 + x)^\mu$ hat für $x > -1$ alle Ableitungen*). Setzen wir wieder $1 + x = u$, so ist
$$dy = \mu u^{\mu-1} du, \quad d^2y = \mu(\mu - 1)u^{\mu-2} du^2, \ldots,$$
also wegen $du = dx$
$$\frac{dy}{dx} = \mu u^{\mu-1}, \quad \frac{d^2y}{dx^2} = \mu(\mu - 1)u^{\mu-2}, \ldots$$

Für $x = 0$ reduzieren sich $y, \frac{dy}{dx}, \frac{d^2y}{dx^2}, \ldots$ auf
$$1, \mu, \mu(\mu - 1), \ldots$$

Die Mac-Laurinsche Formel lautet also:
$$(1 + x)^\mu = 1 + \binom{\mu}{1}x + \binom{\mu}{2}x^2 + \cdots + \binom{\mu}{n-1}x^{n-1} + R_n,$$
und man hat
$$R_n = \frac{n}{p}\binom{\mu}{n}(1 + \vartheta x)^{\mu-n}(1 - \vartheta)^{n-p}x^n. \qquad (0 < \vartheta < 1)$$

Wenn $|x| < 1$, so setze man $p = 1$ und schreibe
$$R_n = x(1 + \vartheta x)^{\mu-1}\left(\frac{1 - \vartheta}{1 + \vartheta x}\right)^{n-1} \cdot n\binom{\mu}{n}x^{n-1}.$$

Der dritte Faktor liegt, wie wir wissen, zwischen 0 und 1 der zweite zwischen 1 und $(1 + x)^{\mu-1}$. Ist K die größte unter

---

*) Den trivialen Fall $\mu = 0$ schließen wir im folgenden aus.

Zahlen 1 und $(1+x)^{\mu-1}$, so haben wir

$$|R_n| < n\binom{\mu}{n}|x|^{n-1}K.$$

Nun konvergiert für $|x|<1$ die Reihe (S. 79 f.)

$$1+\binom{\mu}{1}x+\binom{\mu}{2}x^2+\cdots,$$

folglich auch die Reihe

$$\binom{\mu}{1}+2\binom{\mu}{2}x+3\binom{\mu}{3}x^2+\cdots,$$

und es ist daher

$$\lim n\binom{\mu}{n}x^{n-1}=0,$$

mithin $\lim R_n = 0$, so daß wir haben:

$$(1+x)^\mu = 1+\binom{\mu}{1}x+\binom{\mu}{2}x^2+\cdots\ (|x|<1).$$

Dieses Resultat ist uns schon bekannt (vgl. § 39).

§ 45. Maxima und Minima.

Man sagt, $f(x)$ habe an der Stelle x_0 ein Maximum*) (Minimum), wenn sich um x_0 ein Intervall $(x_0-\varepsilon,\ x_0+\varepsilon)$ konstruieren läßt, so daß $f(x_0)$ der größte (kleinste) Funktionswert in diesem Intervall ist. Wir setzen voraus, daß x im Innern eines Intervalls (a, b) liegt, in welchem $f(x)$ definiert ist. Für Maxima und Minima hat man auch den gemeinsamen Namen Extrema (Pluralis von Extremum).

Wenn $f(x_0)$ ein Extremum ist und die Ableitung $f'(x_0)$ existiert, so muß $f'(x_0) = 0$ sein.

Ist $|h| < \varepsilon$, so haben die Differenzen

$$f(x+h)-f(x) \text{ und } f(x-h)-f(x)$$

dasselbe Zeichen, also die Differenzenquotienten

$$\frac{f(x+h)-f(x)}{h} \text{ und } \frac{f(x-h)-f(x)}{-h}$$

entgegengesetzte Zeichen. Nennen wir u den positiven, v den nega-

---

*) oder $f(x_0)$ sei ein Maximum (Minimum).

tiven von ihnen, dann hat man

$$\lim_{h=0} u = f'(x_0) \quad \text{und} \quad \lim_{h=0} v = f'(x_0).$$

Aus der ersten Gleichung ist zu schließen, daß $f'(x_0) \geqq 0$, aus der zweiten, daß $f'(x_0) \leqq 0$ sein muß. Folglich ist $f'(x_0) = 0$.

An der Stelle $x = x_0$ ist also die Tangente der Bildkurve von $f(x)$ parallel zur x-Achse. Man sieht sofort, daß dies nur eine notwendige, aber keineswegs eine hinreichende Bedingung für das Eintreten eines Extremums ist (vgl. Fig. 13). Weiß man nur, daß $f'(x_0) = 0$ ist, so kann man noch nicht behaupten, daß $f(x_0)$ ein Maximum oder Minimum ist. In der Praxis kann man diese Behauptung gewöhnlich auf Grund des folgenden Satzes machen:

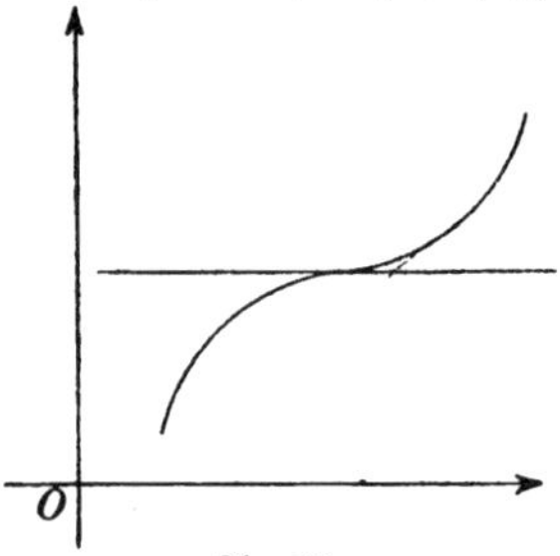

Fig. 13.

Wenn $f(x)$ im Innern von $(x_0 - \varepsilon, x_0 + \varepsilon)$ überall eine Ableitung hat und diese Ableitung ist für $x < x_0$ positiv, für $x > x_0$ dagegen negativ, so ist $f(x_0)$ ein Maximum. Ist die Ableitung für $x < x_0$ negativ, für $x > x_0$ dagegen positiv, so ist $f(x_0)$ ein Minimum.

Im ersten Falle gilt nämlich folgendes: Wenn x von $x_0 - \varepsilon$ bis x_0 zunimmt, so wächst $f(x)$; nimmt aber x weiter von x_0 bis $x_0 + \varepsilon$ zu, so nimmt $f(x)$ ab. Im zweiten Falle ist es umgekehrt.

§ 46. Größter und kleinster Funktionswert in einem endlichen Intervall.

$f(x)$ sei für $a \leqq x \leqq b$ ausnahmslos stetig. Ein in (a, b) enthaltenes Intervall (α, β) wollen wir ein ausgezeichnetes Teilintervall von (a, b) nennen, wenn es in (a, b) keinen Funktionswert gibt, der die sämtlichen Funktionswerte in (α, β) übertrifft.

Wenn man (a, b) mittelst des Wertes $c = \dfrac{a+b}{2}$ in (a, c) und (c, b) zerlegt, so ist wenigstens eins der beiden Teilintervalle ein ausgezeichnetes. Sonst ließen sich nämlich in (a, b) x_1 und x_2 so wählen, daß

$$\begin{aligned}
\text{für} \quad a \leqq x \leqq c \qquad & f(x) < f(x_1), \\
\text{für} \quad c \leqq x \leqq b \qquad & f(x) < f(x_2)
\end{aligned}$$

Größter und kleinster Funktionswert.

wäre. Einer der beiden Werte $f(x_1)$, $f(x_2)$ wäre alsdann größer als alle Funktionswerte in (a, b), was offenbar ein Widerspruch ist. Es gibt also in (a, b) sicher eine ausgezeichnete Hälfte (a_1, b_1), ebenso in (a_1, b_1) eine ausgezeichnete Hälfte (a_2, b_2) usw. Ist ξ der gemeinsame Grenzwert von a_n und b_n, so läßt sich zeigen, daß $f(\xi)$ von keinem Funktionswert in (a, b) übertroffen wird. Wäre z. B. $f(\xi_0) > f(\xi)$, so gäbe es

in (a_1, b_1) eine Stelle ξ_1, so daß $f(\xi_1) \geq f(\xi_0)$,

in (a_2, b_2) eine Stelle ξ_2, so daß $f(\xi_2) \geq f(\xi_1)$,

in (a_3, b_3) eine Stelle ξ_3, so daß $f(\xi_3) \geq f(\xi_2)$

ist, usw. Da $\lim \xi_n = \xi$ ist, so hat man wegen der Stetigkeit

$$\lim f(\xi_n) = f(\xi).$$

Andrerseits ist aber $\lim f(\xi_n) \geq f(\xi_0) > f(\xi)$.

Wenden wir dieselbe Betrachtung auf $-f(x)$ an, so gelangen wir zu einem Funktionswert $f(\overline{\xi})$, der in (a, b) der kleinste ist.

Es gilt demnach der folgende (zum ersten Mal von Weierstraß ausgesprochene) Satz:

Wenn $f(x)$ für $a \leq x \leq b$ ausnahmslos stetig ist, so gibt es in (a, b) eine Stelle ξ und eine Stelle $\overline{\xi}$, so daß $f(\xi)$ der größte, $f(\overline{\xi})$ der kleinste Wert ist, den $f(x)$ in (a, b) annimmt.

Liegt ξ im Innern von (a, b) und existiert dort die Ableitung $f'(x)$, so ist notwendig $f'(\xi) = 0$; denn von den Differenzenquotienten

$$\frac{f(\xi + h) - f(\xi)}{h}, \quad \frac{f(\xi - h) - f(\xi)}{-h} \qquad (h > 0)$$

ist der eine u größer gleich Null, der andere v kleiner gleich Null. Da bei nach Null konvergierendem h sowohl $\lim u = f'(\xi)$, als auch $\lim v = f'(\xi)$ ist, so kann $f'(\xi)$ weder positiv noch negativ sein. Wenn $\overline{\xi}$ im Innern von (a, b) liegt und dort die Ableitung $f'(x)$ existiert, so ist $f'(\overline{\xi}) = 0$.

Man kann hieraus einen neuen Beweis des Theorems von Rolle gewinnen (§ 30). Nach den dort gemachten Voraussetzungen muß nämlich wenigstens eine der beiden Stellen ξ, $\overline{\xi}$ im Innern von (a, b) liegen.

§ 47. Beispiele.

1. $a_1, a_2, a_3, \ldots, a_n$ seien gegebene Zahlen. Wir suchen x so zu bestimmen, daß

$$f(x) = (x - a_1)^2 + (x - a_2)^2 + \cdots + (x - a_n)^2$$

möglichst klein wird. Wir finden

$$f'(x) = 2(x - a_1) + 2(x - a_2) + \cdots + 2(x - a_n)$$
$$= 2n \left(x - \frac{a_1 + a_2 + \cdots + a_n}{n} \right).$$

Hier ist

für $\quad x < \dfrac{a_1 + a_2 + \cdots a_n}{n} \qquad f'(x) < 0$,

dagegen

für $\quad x > \dfrac{a_1 + a_2 + \cdots a_n}{n} \qquad f'(x) > 0$.

Daraus sehen wir, daß die Funktion $f(x)$ an der Stelle

$$x = \frac{a_1 + a_2 + \cdots + a_n}{n}$$

ein Minimum und zugleich ihren kleinsten Wert hat.

2. Ein zylindrisches (oben offenes) Gefäß zu konstruieren, welches bei gegebener Oberfläche einen möglichst großen Inhalt hat.

r sei der Grundradius und h die Höhe des Gefäßes. Dann ist die Oberfläche

$$\pi r^2 + 2\pi r h = S,$$

der Inhalt

$$\pi r^2 h = V.$$

Da aus der ersten Gleichung

$$\pi r h = \frac{S - \pi r^2}{2}$$

folgt, so wird

$$V = \frac{Sr - \pi r^3}{2}.$$

Die Veränderliche r ist, wie die Gleichung für S lehrt, auf das Intervall $\left(0, \sqrt{\dfrac{S}{\pi}}\right)$ beschränkt.

$$\frac{dV}{dr} = \frac{S - 3\pi r^2}{2}$$

ist positiv für $0 < r < \sqrt{\frac{S}{3\pi}}$ und negativ für $\sqrt{\frac{S}{3\pi}} < r < \sqrt{\frac{S}{\pi}}$. Die Funktion V hat also für $r = \sqrt{\frac{S}{3\pi}}$ ein Maximum und zugleich ihren größten Wert. Berechnet man h, so findet man $h = \sqrt{\frac{S}{3\pi}}$. Es ist also $h = r$. Das Gefäß muß so beschaffen sein, daß die Höhe gleich dem Grundradius ist.

§ 48. Differentiation von Funktionen mehrerer Veränderlicher.

Wir beschränken uns auf den Fall von zwei unabhängigen Veränderlichen x, y, die wir als Abszisse und Ordinate eines Punktes in Bezug auf ein rechtwinkliges Achsenpaar deuten wollen.

Wenn es sich um eine Funktion $z = f(x, y)$ handelt, so braucht sie nicht für alle Wertsysteme (x, y) definiert zu sein, sondern nur für eine gewisse Mannigfaltigkeit solcher Wertsysteme oder, geometrisch gesprochen, in einer gewissen Punktmenge (vgl. S. 10). Diese Punktmenge kann z. B. aus allen Punkten eines Rechtecks bestehen, dessen Seiten parallel zu den Koordinatenachsen sind; x und y sind dann den Bedingungen

$$a \leq x \leq b, \quad c \leq y \leq d$$

unterworfen. Eine solche Punktmenge wollen wir als ein (zweidimensionales) Intervall bezeichnen und dafür $(a, b; c, d)$ schreiben.

Wir nehmen jetzt an, daß $f(x, y)$ in dem Intervall $(a, b; c, d)$ definiert ist.*) Dann ist, wenn $c \leq y_0 \leq d$,

$$\varphi(x) = f(x, y_0)$$

in dem Intervall (a, b) eine Funktion von x und

$$\psi(y) = f(x_0, y),$$

wenn $a \leq x_0 \leq b$, in dem Intervall (c, d) eine Funktion von y. Existieren nun $\varphi'(x_0)$, $\psi'(y_0)$, so nennt man $\varphi'(x_0)$ die Ableitung von $f(x, y)$ nach x und $\psi'(y_0)$ die Ableitung von $f(x, y)$ nach y an der Stelle (x_0, y_0). Beide heißen die partiellen Ableitungen von $f(x, y)$ an der Stelle (x_0, y_0)

---

*) Damit ist nicht ausgeschlossen, daß $f(x, y)$ auch noch für andere Punkte definiert ist.

und ihre Berechnung die partielle Differentiation. Man hat für $\varphi'(x_0)$ die Bezeichnung $f'_x(x_0, y_0)$, für $\psi'(y_0)$ die Bezeichnung $f'_y(x_0, y_0)$.

Existieren $f'_x(x, y)$, $f'_y(x, y)$ in dem Intervall $(a, b; c, d)$, so kann es sein, daß sie sich an der Stelle (x_0, y_0) wiederum nach x und y differenzieren lassen. Die Ableitungen von $f'_x(x, y)$ nach x und y an der Stelle (x_0, y_0) bezeichnet man mit

$$f''_{xx}(x_0, y_0) \text{ bzw. } f''_{xy}(x_0, y_0),$$

die Ableitungen von $f'_y(x, y)$ nach x und y an der Stelle (x_0, y_0) mit

$$f''_{yx}(x_0, y_0) \text{ bzw. } f''_{yy}(x_0, y_0).$$

Diese vier Größen nennt man die partiellen Ableitungen zweiter Ordnung von $f(x, y)$ an der Stelle (x_0, y_0). In ähnlicher Weise werden die partiellen Ableitungen dritter und höherer Ordnung definiert und bezeichnet. Es gibt, wie man sieht 2^n partielle Ableitungen n-ter Ordnung. Für gewöhnlich reduziert sich aber ihre Zahl auf $n+1$, was man mit Hilfe des folgenden Satzes nachweisen kann:

Wenn in dem Intervall $(a, b; c, d)$ f''_{xy} und f''_{yx} existieren*) und an der Stelle (x_0, y_0) in $(a, b; c, d)$ stetig sind, so ist

$$f''_{xy}(x_0, y_0) = f''_{yx}(x_0, y_0).$$

Die Stetigkeit einer Funktion von zwei Veränderlichen wird ganz ähnlich definiert wie die einer Funktion von einer Veränderlichen. $F(x, y)$ heißt an der Stelle (x, y) stetig, wenn aus $\lim x_n = x$, $\lim y_n = y$ immer folgt $\lim F(x_n, y_n) = F(x, y)$; dabei müssen alle Punkte (x_n, y_n) sowie auch der Punkt (x, y) der Punktmenge angehören, in der $F(x, y)$ definiert ist.

Um nun den obigen Satz zu beweisen, betrachten wir den Ausdruck

$$f(x_0 + h, y_0 + k) - f(x_0 + h, y_0)$$
$$- f(x_0, y_0 + k) + f(x_0, y_0);$$

$(x_0 + h, y_0 + k)$ soll wie (x_0, y_0) in $(a, b; c, d)$ liegen. Setzen wir

$$f_1(x) = f(x, y_0 + k) - f(x, y_0).$$

und

$$f_2(y) = f(x_0 + h, y) - f(x_0, y),$$

---

*) Natürlich müssen dann auch f'_x und f'_y existieren.

so wird der obige Ausdruck gleich
$$f_1(x_0 + h) - f_1(x_0) = h f_1'(x_0 + \vartheta_1 h)$$
und auch gleich
$$f_2(y_0 + k) - f_2(y_0) = k f_2'(y_0 + \vartheta_2 k);$$
ϑ_1 und ϑ_2 liegen zwischen 0 und 1*).

Man hat aber
$$f_1'(x_0 + \vartheta_1 h) = f_x'(x_0 + \vartheta_1 h, y_0 + k) - f_x'(x_0 + \vartheta_1 h, y_0)$$
$$= k f_{xy}''(x_0 + \vartheta_1 h, y_0 + \overline{\vartheta_1} k)$$
und
$$f_2'(y_0 + \vartheta_2 k) = f_y'(x_0 + h, y_0 + \vartheta_2 k) - f_y'(x_0, y_0 + \vartheta_2 k)$$
$$= h f_{yx}''(x_0 + \overline{\vartheta_2} h, y_0 + \vartheta_2 k);$$

$\overline{\vartheta_1}$ und $\overline{\vartheta_2}$ liegen wieder zwischen 0 und 1**).

Wir wissen also, daß
$$f_{xy}''(x_0 + \vartheta_1 h, y_0 + \overline{\vartheta_1} k) = f_{yx}''(x_0 + \overline{\vartheta_2} h, y_0 + \vartheta_2 k)$$
ist. Lassen wir h und k nach Null konvergieren, so konvergieren die beiden Seiten der Gleichung nach $f_{xy}''(x_0, y_0)$ und $f_{yx}''(x_0, y_0)$, so daß $f_{xy}''(x_0, y_0) = f_{yx}''(x_0, y_0)$ sein muß.

Differentiale von $f(x, y)$.

Wenn $f(x, y)$ in einem Intervall definiert ist und an der Stelle (x, y) in demselben die partiellen Ableitungen f_x', f_y' existieren, so nennt man den Ausdruck
$$f_x'(xy)h + f_y'(x, y)k$$
das Differential von $f(x, y)$ an der Stelle (x, y) und bezeichnet es mit $df(x, y)$. h und k sind zwei Größen, die von x, y gänzlich unabhängig sind. Setzt man in der Formel
$$df(x, y) = f_x' h + f_y' k$$
$f = x$ und $f = y$, so ergibt sich
$$dx = h, \quad dy = k.$$

---

*) Die Bedingungen des Mittelwertsatzes sind auf Grund unserer Voraussetzungen erfüllt.
**) Auch hier sind die Bedingungen des Mittelwertsatzes erfüllt.

II. Differentialrechnung.

Wir können also h und k als die Differentiale von x und y betrachten und schreiben
$$df(x, y) = f'_x dx + f'_y dy.$$
Das Differential von $df(x, y)$ bezeichnet man mit $d^2 f(x, y)$, das Differential hiervon mit $d^3 f(x, y)$ usw. Man hat*)
$$d^2 f(x, y) = df'_x dx + df'_y dy$$
$$= f''_{xx} dx^2 + f''_{xy} dx\, dy + f''_{yx} dx\, dy + f''_{yy} dy^2$$
oder, wenn $f''_{xy} = f''_{yx}$ ist,
$$d^2 f(x, y) = f''_{xx} dx^2 + 2 f''_{xy} dx\, dy + f''_{yy} dy^2.$$
In ähnlicher Weise berechnet man $d^3 f(x, y)$, $d^4 f(x, y)$ usw.

§ 49. Differentiation zusammengesetzter Funktionen.

$F(u, v)$ sei eine Funktion von u, v in dem Intervall $(\alpha, \beta; \gamma, \delta)$, $f(x, y)$ und $g(x, y)$ Funktionen von x, y in dem Intervall $(a, b; c, d)$; außerdem seien $f(x, y)$ und $g(x, y)$ so beschaffen, daß immer
$$\alpha \leqq f(x, y) \leqq \beta \text{ und } \gamma \leqq g(x, y) \leqq \delta$$
ist. Setzt man dann
$$u = f(x, y), \; v = g(x, y)$$
und
$$z = F(u, v),$$
so ist z durch Vermittelung von u und v eine Funktion von x und y, und zwar wird
$$z = F(f(x, y), g(x, y)).$$

Wir wollen das Differential dz berechnen. Vorausgesetzt wird, daß in $(a, b; c, d)$ f'_x, f'_y, g'_x, g'_y existieren, und in $(\alpha, \beta; \gamma, \delta)$ F'_u, F'_v. Von F'_u, F'_v fordern wir ferner, daß sie in $(\alpha, \beta; \gamma, \delta)$ stetig sind.

$\Delta_x \varphi (\Delta_y \varphi)$ sei der Zuwachs, den eine Funktion φ erfährt, wenn man x durch $x + \Delta x$ (y durch $y + \Delta y$) ersetzt**). Dann ist
$$\Delta_x z = F(u + \Delta_x u, v + \Delta_x v) - F(u, v)$$
$$= F(u + \Delta_x u, v + \Delta_x v) - F(u, v + \Delta_x v)$$
$$+ F(u, v + \Delta_x v) - F(u, v),$$

---
*) dx und dy sind als Konstanten anzusehen.
**) (x, y) und $(x + \Delta x, y + \Delta y)$ mögen beide in $(a, b; c, d)$ liegen.

Differentiation zusammengesetzter Funktionen.

also nach dem Mittelwertsatz

$$\Delta_x z = F'_u(u + \vartheta \Delta_x u, v + \Delta_x v) \Delta_x u$$
$$+ F'_v(u, v + \overline{\vartheta} \Delta_x v) \Delta_x v,$$

folglich

$$\frac{\Delta_x z}{\Delta x} = F'_u(u + \vartheta \Delta_x u, \ v + \Delta_x v) \frac{\Delta_x u}{\Delta x}$$
$$+ F'_v(u, v + \overline{\vartheta} \Delta_x v) \frac{\Delta_x v}{\Delta x}.$$

Lassen wir Δx nach Null konvergieren, so wird

$$\lim \frac{\Delta_x u}{\Delta x} = u'_x, \ \lim \frac{\Delta_x v}{\Delta x} = v'_x$$

also

$$\lim \Delta_x u = 0, \ \lim \Delta_x v = 0.$$

Man hat daher, weil F'_u und F'_v an der Stelle (u, v) stetig sind,

$$\lim F'_u(u + \vartheta \Delta_x u, v + \Delta_x v) = F'_u(u, v),$$
$$\lim F'_v(u, v + \overline{\vartheta} \Delta_x v) = F'_v(u, v)$$

und

$$z'_x = \lim \frac{\Delta_x z}{\Delta x} = F'_u u'_x + F'_v v'_x.$$

Ebenso findet man

$$z'_y = \lim \frac{\Delta_y z}{\Delta y} = F'_u u'_y + F'_v v'_y.$$

Es ist somit

$$dz = z'_x dx + z'_y dy = F'_u du + F'_v dv.$$

Genau ebenso würde das Differential dz aussehen, wenn u und v die unabhängigen Veränderlichen wären.

Wenn die zweiten Ableitungen von u und v in $(a, b; c, d)$ existieren und die zweiten Ableitungen von $F(u, v)$ in $(\alpha, \beta; \gamma, \delta)$ stetig sind, so hat man[*]

$$d^2 z = dF'_u du + dF'_v dv$$
$$+ F'_u d^2 u + F'_v d^2 v,$$

also

$$d^2 z = F''_{uu} du^2 + 2 F''_{uv} du\, dv + F''_{vv} dv^2 + F'_u d^2 u + F'_v d^2 v.$$

---

[*] Wir benutzen hier, daß $d(uv) = u\, dv + v\, du$ ist. Das ergibt sich aus der allgemeinen Formel für dz, wenn wir $F(u, v) = uv$ setzen.

Die Ausdrücke für d^3z, d^4z, ... lassen sich auch leicht erhalten. Jedenfalls sehen die Formeln für d^2z, d^3z, ... anders aus, als wenn u und v die unabhängigen Veränderlichen sind. Aber wenn u und v von der Form $\lambda x + \mu y + \nu$ (λ, μ, ν Konstanten) sind, sehen sie ebenso aus, weil dann $d^2u = d^3u = \cdots = 0$ und $d^2v = d^3v = \cdots = 0$ ist.

Drittes Kapitel.

Integralrechnung.

§ 50. Das unbestimmte Integral.

Wenn $F(x)$ für $a \leq x \leq b$ die Ableitung $f(x)$, also das Differential $f(x)dx$ hat, so nennt man $F(x)$ ein Integral von $f(x)$ oder von $f(x)dx$ in dem Intervall (a, b) und schreibt

$$F(x) = \int f(x)dx$$

($F(x)$ gleich Integral $f(x)dx$)*). Diese Formel ist also völlig gleichbedeutend mit

$$dF(x) = f(x)dx.$$

Ist $F_0(x)$ ein Integral von $f(x)dx$ in (a, b) und $F(x)$ ebenfalls ein solches Integral, so hat man

$$dF_0(x) = f(x)dx, \; dF(x) = f(x)dx,$$

also

$$d(F(x) - F_0(x)) = 0.$$

$F(x) - F_0(x)$ hat demnach (vgl. S. 58) für $a \leq x \leq b$ einen konstanten Wert C, d. h. es ist

$$F(x) = F_0(x) + C.$$

Umgekehrt ist $F_0(x) + C$, was auch die Konstante C sein mag, immer ein Integral von $f(x)dx$, weil

$$d(F_0(x) + C) = dF_0(x) = f(x)dx$$

ist.

---

*) Wenn $F(x)$ nur im Innern von (a, b) die Ableitung $f(x)$ hat, so sagen wir, $F(x)$ sei innerhalb (a, b) ein Integral von $f(x)$.

Das unbestimmte Integral.

$F_0(x) + C$ nennt man, weil darin die unbestimmte Konstante C auftritt, **das unbestimmte Integral von $f(x)dx$**. Jedes Integral von $f(x)dx$ läßt sich aus dem unbestimmten Integral durch Spezialisierung der Konstanten C, der sogenannten Integrationskonstanten, erhalten.

Eine Funktion $f(x)$ integrieren heißt ihr unbestimmtes Integral finden.

§ 51. Beispiele.

1. Ist ϱ der Konvergenzradius der Potenzreihe
$$a_0 + a_1 x + a_2 x^2 + \cdots$$
und setzt man
$$f(x) = a_0 + a_1 x + a_2 x^2 \cdots \qquad (|x| < \varrho)$$
so wird innerhalb $(-\varrho, \varrho)$
$$\int f(x)\, dx = C + a_0 x + \frac{a_1 x^2}{2} + \frac{a_2 x^3}{3} + \cdots$$

Nach § 38 hat nämlich die Reihe
$$C + a_0 x + \frac{a_1 x^2}{2} + \frac{a_2 x^3}{3} + \cdots$$
auch den Konvergenzradius ϱ und für $|x| < \varrho$ die Ableitung $f(x)$.

Insbesondere wird
$$\int (a_0 + a_1 x + \cdots + a_n x^n)\, dx$$
$$= C + a_0 x + \frac{a_1 x^2}{2} + \cdots + \frac{a_n x^{n+1}}{n+1}.$$

Das Integral einer ganzen rationalen Funktion n-ten Grades ist also eine ganze rationale Funktion $(n+1)$-ten Grades.

2. Das Integral einer rationalen Funktion ist keineswegs immer wieder eine rationale Funktion. Für $n = -2, -3, \ldots$ ist in jedem Intervall, welches die Null nicht enthält,
$$d\frac{x^{n+1}}{n+1} = x^n\, dx,$$
also
$$\int x^n\, dx = C + \frac{x^{n+1}}{n+1}.$$

Dagegen ist für $x > 0$

$$\int \frac{dx}{x} = C + \log x,$$

weil $d \log x = \frac{dx}{x}$, und für $x < 0$

$$\int \frac{dx}{x} = C + \log(-x),$$

weil $d \log(-x) = \frac{d(-x)}{-x} = \frac{dx}{x}$. Ferner ergibt sich aus $d \operatorname{arc tg} x = \frac{dx}{1+x^2}$

$$\int \frac{dx}{1+x^2} = C + \operatorname{arc tg} x.$$

Aus $d \operatorname{arc sin} x = \frac{dx}{\sqrt{1-x^2}}$ folgt

$$\int \frac{dx}{\sqrt{1-x^2}} = C + \operatorname{arc sin} x. \qquad (-1 < x < 1)$$

Ebenso folgt aus

$$d \log(x + \sqrt{1+x^2}) = \frac{dx}{\sqrt{1+x^2}},$$

daß

$$\int \frac{dx}{\sqrt{1+x^2}} = C + \log(x + \sqrt{1+x^2})$$

ist.

3. Wenn $x > 0$ und $n + 1 \gtreqless 0$*), so hat man

$$d \frac{x^{n+1}}{n+1} = x^n \, dx.$$

Also ist für $x > 0$ und $n + 1 \gtreqless 0$

$$\int x^n dx = C + \frac{x^{n+1}}{n+1}.$$

Z. B. ist für $x > 0$

$$\int x^{-\frac{1}{2}} dx = C + 2 x^{\frac{1}{2}}$$

---

*) Den Fall, wo n eine positive oder negative ganze Zahl ist, haben wir schon erledigt.

Beispiele.

oder
$$\int \frac{dx}{\sqrt{x}} = C + 2\sqrt{x}.$$

4. Da
$$d\frac{a^x}{\log a} = a^x\, dx$$
so hat man
$$\int a^x\, dx = C + \frac{a^x}{\log a}.$$
Insbesondere ist
$$\int e^x\, dx = C + e^x.$$

5. Aus
$$d(-\cos x) = \sin x\, dx,\quad d\sin x = \cos x\, dx$$
folgt
$$\int \sin x\, dx = C - \cos x,\quad \int \cos x\, dx = C + \sin x.$$
Aus
$$d\operatorname{tg} x = \frac{dx}{\cos^2 x},\ d(-\cot x) = \frac{dx}{\sin^2 x}$$
ergibt sich
$$\int \frac{dx}{\cos^2 x} = C + \operatorname{tg} x,\ \int \frac{dx}{\sin^2 x} = C - \cot x\,;$$
im ersten Falle ist x auf ein Intervall zu beschränken, in welchem $\cos x$ nicht null ist, im zweiten Falle auf ein Intervall, in welchem $\sin x$ nicht null ist.

$f(x)$ sei in dem Intervall (a, b) überall positiv und habe die Ableitung $f'(x)$. Dann ist (nach § 33)
$$d\log f(x) = \frac{f'(x)\, dx}{f(x)},$$
also
$$\int \frac{f'(x)\, dx}{f(x)} = C + \log f(x)\,;$$
z. B. hat man, wenn $\sin x$ in (a, b) nirgends null ist,
$$\int \frac{\cos x\, dx}{\sin x} = C + \log \sin x,$$
ebenso, wenn $\cos x$ in (a, b) nirgends null ist,
$$\int \frac{\sin x\, dx}{\cos x} = C - \log \cos x.$$

§ 52. Hilfsmittel zur Vereinfachung von Integralen.

1. $$\int c f(x)\, dx = c \int f(x)\, dx,$$

in Worten: eine Konstante darf man vor das Integralzeichen ziehen. Beweis:
$$d(cf(x)) = c\, df(x).$$

2. $$\int (f(x) + g(x))\, dx = \int f(x)\, dx + \int g(x)\, dx,$$

in Worten: das Integral einer Summe ist gleich der Summe der Integrale der Summanden. Beweis:
$$d(f(x) + g(x)) = df(x) + dg(x).$$

Der Satz gilt für eine beliebige endliche Anzahl von Summanden.

3. Wenn $f(x)$ und $g(x)$ innerhalb (a, b) die Ableitungen $f'(x)$ und $g'(x)$ haben, so ist
$$f(x)g(x) - \int g(x) f'(x)\, dx$$
eine Funktion mit der Ableitung
$$(fg)' - gf' = fg',$$
also ein Integral von $f(x) g'(x)\, dx$. Wir haben demnach
$$\int f(x) g'(x)\, dx = f(x) g(x) - \int g(x) f'(x)\, dx.$$

Das ist die Regel der partiellen Integration. Sie führt das Integral $\int f(x) g'(x)\, dx$ auf das (unter Umständen einfachere) Integral $\int g(x) f'(x)\, dx$ zurück.

4. $F(u)$ habe für $\alpha \leq u \leq \beta$ die Ableitung $F'(u) = \varphi(u)$, $f(x)$ für $a \leq x \leq b$ die Ableitung $f'(x)$, und $f(x)$ liege beständig in (α, β). Nach § 32 hat dann $F(f(x))$ das Differential
$$\varphi(f(x)) f'(x)\, dx.$$
Andererseits aber hat $F(u)$ das Differential
$$\varphi(u)\, du.$$
Mithin ist vermöge $u = f(x)$
$$\int \varphi(u)\, du = \int \varphi(f(x)) f'(x)\, dx.$$

Diese Formel zeigt, wie man in das Integral $\int \varphi(u)\, du$ eine neue

Veränderliche einführt. Man ersetzt u durch $f(x)$ und du durch durch $f'(x)\,dx$.

§ 53. Beispiele.

1. $\int \dfrac{dx}{\sin x}$ zu berechnen; x bewege sich in einem Intervall, in welchem $\sin x$ nirgends verschwindet. Man hat

$$\int \frac{dx}{\sin x} = \int \frac{\sin x\, dx}{\sin^2 x} = \int \frac{\sin x\, dx}{1-\cos^2 x}.$$

Nun ist aber

$$\frac{1}{1-\cos^2 x} = \frac{1}{2}\left(\frac{1}{1-\cos x} + \frac{1}{1+\cos x}\right),$$

also

$$\int \frac{dx}{\sin x} = \frac{1}{2}\int \frac{\sin x\, dx}{1-\cos x} + \frac{1}{2}\int \frac{\sin x\, dx}{1+\cos x}$$
$$= \frac{1}{2}\log(1-\cos x) - \frac{1}{2}\log(1+\cos x)$$

oder wegen

$$1-\cos x = 2\sin^2 \frac{x}{2},\quad 1+\cos x = 2\cos^2 \frac{x}{2}$$

schließlich

$$\int \frac{dx}{\sin x} = \log \operatorname{tg} \frac{x}{2}.$$

2. Durch partielle Integration findet man

$$\int e^{-x} x\, dx = -e^{-x} x + \int e^{-x}\, dx,$$
$$\int e^{-x} x^2\, dx = -e^{-x} x^2 + 2\int e^{-x} x\, dx,$$
$$\cdot\quad\cdot\quad\cdot\quad\cdot\quad\cdot\quad\cdot\quad\cdot\quad\cdot\quad\cdot$$
$$\int e^{-x} x^n\, dx = -e^{-x} x^n + n\int e^{-x} x^{n-1}\, dx,$$

so daß

$$\int e^{-x} x^n\, dx = -e^{-x}(x^n + n x^{n-1}$$
$$+ n(n-1) x^{n-2} + \cdots + n!) + C$$

ist, oder wenn wir $x^n = f(x)$ setzen

$$\int e^{-x} f(x)\, dx = -e^{-x}(f(x) + f'(x) + \cdots + f^{(n)}(x)) + C.$$

Diese Formel gilt auch, wenn $f(x)$ eine beliebige ganze rationale Funktion n-ten Grades ist.

3. Um das Integral $\int \sqrt{\frac{1-x}{1+x}}\, dx$ zu berechnen $(-1 < x < 1)$ setze man $x = \cos\varphi$, $0 < \varphi < \pi$. Dann wird

$$\sqrt{\frac{1-x}{1+x}} = \sqrt{\frac{1-\cos\varphi}{1+\cos\varphi}} = \frac{1-\cos\varphi}{\sin\varphi},$$

$$dx = -\sin\varphi\, d\varphi$$

und

$$\int \sqrt{\frac{1-x}{1+x}}\, dx = \int (\cos\varphi - 1)\, d\varphi = C - \varphi + \sin\varphi$$

$$= C - \arccos x + \sqrt{1-x^2}.$$

§ 54. Existenz des Integrals einer stetigen Funktion.

$f(x)$ sei für $a \leq x \leq b$ ausnahmslos stetig. Wenn (α, β) ein beliebiges in (a, b) enthaltenes Intervall ist, so wollen wir mit $M(\alpha, \beta)$ den größten, mit $m(\alpha, \beta)$ den kleinsten in (α, β) vorkommenden Funktionswert bezeichnen. Das Produkt $(\beta - \alpha)$ mal $M(\alpha, \beta)$ wollen wir $R(\alpha, \beta)$ nennen.

Ist $\alpha < \gamma < \beta$, so hat man

$$R(\alpha, \beta) \geq R(\alpha, \gamma) + R(\gamma, \beta),$$

weil $M(\alpha, \beta) \geq M(\alpha, \gamma)$ und $M(\alpha, \beta) \geq M(\gamma, \beta)$.

Wir wollen jetzt (a, b) in die Teilintervalle

$$(a, x_1), (x_1, x_2), \ldots, (x_{p-1}, b)$$

zerlegen $(a < x_1 < x_2 < \cdots < x_{p-1} < b)$ und diese Zerlegung mit mit $\mathfrak{Z}$ bezeichnen. Die Summe

$$R(a, x_1) + R(x_1, x_2) + \ldots + R(x_{p-1}, b)$$

nennen wir

$$S_a^b(\mathfrak{Z}),$$

um ihre Abhängigkeit von (a, b) und $\mathfrak{Z}$ hervorzuheben.

Der Leser möge in Worten ausdrücken, was $S_a^b(\mathfrak{Z})$ bedeutet.

Die Zerlegung $\bar{\mathfrak{Z}}$ gehe aus $\mathfrak{Z}$ dadurch hervor, daß man eins der Teilintervalle, etwa (α, β), in zwei Teile (α, γ) und (γ, β)

Existenzbeweis des Integrals.

zerlegt. Um $S_a^b(\overline{\mathfrak{Z}})$ zu erhalten, muß man in $S_a^b(\mathfrak{Z})$ das Glied
$$R(\alpha, \beta) \text{ durch } R(\alpha, \gamma) + R(\gamma, \beta)$$
ersetzen. Wir dürfen daher sicher sein, daß
$$S_a^b(\mathfrak{Z}) \geqq S_a^b(\overline{\mathfrak{Z}})$$
ist. $S_a^b(\mathfrak{Z})$ vergrößert sich also nicht, wenn man eins der Teilintervalle in zwei Teile zerlegt. Wendet man diese Bemerkung mehrmals an, so erkennt man, daß $S_a^b(\mathfrak{Z})$ sich nicht vergrößert, wenn man von $\mathfrak{Z}$ durch Weiterteilung (d. h. durch Hinzufügen neuer Teilpunkte zu den alten) zu einer neuen Zerlegung übergeht.

$\mathfrak{Z}_1, \mathfrak{Z}_2, \mathfrak{Z}_3, \ldots$ sei eine Folge von Zerlegungen des Intervalls (a, b), δ_n sei die Maximallänge der Teilintervalle von $\mathfrak{Z}_n$ (so daß keins größer als δ_n und wenigstens eins gleich δ_n ist). Wir wollen nur solche Folgen von Zerlegungen betrachten, wo jedes $\mathfrak{Z}_{n+1}$ aus $\mathfrak{Z}_n$ durch Weiterteilung entsteht und wo außerdem $\lim \delta_n = 0$ ist. Derartige Folgen nennen wir **ausgezeichnete**.

Ist nun $\mathfrak{Z}_1, \mathfrak{Z}_2, \mathfrak{Z}_3, \ldots$ eine ausgezeichnete Folge von Zerlegungen des Intervalls (a, b), so hat man sicher
$$S_a^b(\mathfrak{Z}_1) \geqq S_a^b(\mathfrak{Z}_2) \geqq S_a^b(\mathfrak{Z}_3) \geqq \cdots$$
Für jede Zerlegung $\mathfrak{Z}$ ist aber*)
$$(b-a)m(a, b) \leqq S_a^b(\mathfrak{Z}) \leqq (b-a)M(a, b).$$
Die Folge
$$S_a^b(\mathfrak{Z}_1), S_a^b(\mathfrak{Z}_2), S_a^b(\mathfrak{Z}_3), \ldots$$
ist also absteigend und liegt in einem endlichen Intervall, so daß (nach § 15)
$$\lim S_a^b(\mathfrak{Z}_n)$$
existiert. Wir wollen diesen Grenzwert mit S_a^b bezeichnen.

Jetzt sei $\overline{\mathfrak{Z}}_1, \overline{\mathfrak{Z}}_2, \overline{\mathfrak{Z}}_3, \ldots$ irgend eine andere ausgezeichnete Folge von Zerlegungen des Intervalls (a, b) und
$$\lim S_a^b(\overline{\mathfrak{Z}}_n) = \overline{S}_a^b.$$

---
*) Jedes Glied $(\beta - \alpha)M(\alpha, \beta)$ in $S_a^b(\mathfrak{Z})$ ist nämlich größer oder gleich $(\beta - \alpha)m(a, b)$ und kleiner oder gleich $(\beta - \alpha)M(a, b)$.

Greifen wir aus der Folge

$$S_a^b(\overline{\mathfrak{Z}}_1),\ S_a^b(\overline{\mathfrak{Z}}_2),\ S_a^b(\overline{\mathfrak{Z}}_3)\ \ldots,$$

ein Glied $S_a^b(\overline{\mathfrak{Z}})$ heraus und nehmen wir an, daß $\overline{\mathfrak{Z}}$ p Teilintervalle aufweist. Die Teilintervalle von $\mathfrak{Z}_n$ zerfallen dann in Bezug auf $\overline{\mathfrak{Z}}$ in zwei Klassen:

1. solche, die in einem der Teilintervalle von $\overline{\mathfrak{Z}}$ liegen,
2. solche, die wenigstens einen der Teilpunkte von $\overline{\mathfrak{Z}}$ in ihrem Innern enthalten.

Offenbar kann es nicht mehr als $p-1$ Teilintervalle zweiter Klasse geben.

Die Glieder $R(\alpha, \beta)$ von $S_a^b(\mathfrak{Z}_n)$ nennen wir Glieder erster oder zweiter Klasse, je nachdem (α, β) zur ersten oder zweiten Klasse gehört. Die Glieder zweiter Klasse geben eine Summe, die kleiner oder gleich

$$(p-1)\delta_n M(a, b)$$

ist (δ_n die Maximallänge der Teilintervalle von $\mathfrak{Z}_n$). Die Glieder erster Klasse sind zusammen nicht größer als $S_a^b(\overline{\mathfrak{Z}})$. Es ist daher

$$S_a^b(\mathfrak{Z}_n) \leqq S_a^b(\overline{\mathfrak{Z}}) + (p-1)\delta_n M(a, b),$$

also wegen $\lim \delta_n = 0$

$$\underline{S}_a^b \leqq S_a^b(\overline{\mathfrak{Z}}),\ \text{folglich auch}\ \underline{S}_a^b \leqq \overline{S}_a^b.$$

Genau ebenso ergibt sich

$$\overline{S}_a^b \leqq \underline{S}_a^b.$$

Wir können also schließen, daß

$$\underline{S}_a^b = \overline{S}_a^b$$

ist.

$S_a^b(\mathfrak{Z})$ konvergiert also immer nach demselben Grenzwert S_a^b, wenn $\mathfrak{Z}$ irgend eine ausgezeichnete Folge von Zerlegungen des Intervalls (a, b) durchläuft.

Wir wissen, daß $S_a^b(\mathfrak{Z})$ immer größer oder gleich $(b-a)m(a, b)$ und kleiner oder gleich $(b-a)M(a, b)$ ist. Dasselbe gilt folglich auch von S_a^b und da die Funktion $(b-a)f(x)$ stetig ist, so gibt es

Existenzbeweis des Integrals.

(vgl. § 30) in (a, b) eine Stelle ξ, so daß
$$S_a^b = (b-a)f(\xi).$$
Wenn $a < c < b$ ist, so hat man
$$S_a^b = S_a^c + S_c^b.$$
Um dies zu beweisen, braucht man nur eine ausgezeichnete Folge $\mathfrak{Z}_1, \mathfrak{Z}_2, \mathfrak{Z}_3, \ldots$ zu betrachten, in der $\mathfrak{Z}_1$ die Zerlegung von (a, b) in (a, c) und (c, b) ist. $S_a^b(\mathfrak{Z}_n)$ spaltet sich dann in zwei Bestandteile, von denen einer nach S_a^c, der andere nach S_c^b konvergiert.

Machen wir die Festsetzung, daß immer
$$S_\beta^\alpha = -S_\alpha^\beta$$
sein soll, so gilt, wie man auch x_1, x_2, x_3 in (a, b) wählen mag, immer die Formel
$$(*) \qquad S_{x_1}^{x_2} + S_{x_2}^{x_3} + S_{x_3}^{x_1} = 0.$$
Ebenso ist immer, wie auch x und $x+h$ in (a, b) liegen mögen,
$$(**) \qquad S_x^{x+h} = h f(x + \vartheta h). \qquad (0 \leq \vartheta \leq 1)$$
Jetzt wollen wir die Funktion
$$F(x) = S_a^x$$
betrachten und von ihr zeigen, daß sie in (a, b) überall die Ableitung $f(x)$ hat. Damit haben wir dann die Existenz eines Integrals von $f(x)$ bewiesen.

Nach Formel $(*)$ ist, wenn die beiden Werte x und $x+h$ in (a, b) liegen,
$$F(x+h) - F(x) = S_a^{x+h} - S_a^x = S_x^{x+h},$$
also nach $(**)$
$$F(x+h) - F(x) = h f(x + \vartheta h)$$
und daher (wegen der Stetigkeit von $f(x)$)
$$\lim_{h=0} \frac{F(x+h) - F(x)}{h} = \lim_{h=0} f(x + \vartheta h) = f(x),$$
d. h.
$$F'(x) = f(x) \quad \text{oder} \quad dF(x) = f(x)\,dx.$$

Man schreibt für S_a^x

$$\int_a^x f(x)\,dx$$

und liest dieses Symbol so:

„Integral $f(x)\,dx$ von a bis x."

Im Gegensatz zu dem unbestimmten Integral nennt man $\int_a^x f(x)\,dx$ ein bestimmtes Integral. Es ist unter den unendlich vielen Integralen von $f(x)$ dasjenige, welches für $x = a$ den Wert 0 hat.

Ist $\Phi(x)$ irgend ein Integral von $f(x)$, so können, wie wir wissen, $\Phi(x)$ und $\int_a^x f(x)\,dx$ nur um eine Konstante C differieren. Es ist also

$$\int_a^x f(x)\,dx = \Phi(x) + C.$$

Setzt man $x = a$, so geht diese Gleichung über in

$$0 = \Phi(a) + C, \quad \text{so daß} \quad C = -\Phi(a)$$

ist und

(***) $$\int_a^x f(x)\,dx = \Phi(x) - \Phi(a).$$

Die rechte Seite dieser wichtigen Formel pflegt man mit

$$\bigl(\Phi(x)\bigr)_a^x$$

zu bezeichnen.

Wendet man die obigen Betrachtungen auf die Funktion $-f(x)$ an, so tritt an die Stelle von $R(\alpha, \beta)$ der Ausdruck

$$-r(\alpha, \beta) = -(\beta - \alpha)\,m(\alpha, \beta),$$

wobei $m(\alpha, \beta)$ der kleinste Wert von $f(x)$ in (α, β) ist, und an die Stelle von $S_a^b(\mathfrak{Z})$ der Ausdruck

$$-s_a^b(\mathfrak{Z}) = -\{r(a, x_1) + r(x_1, x_2) + \cdots + r(x_{p-1}, b)\}.$$

Lassen wir $\mathfrak{Z}$ eine ausgezeichnete Folge von Zerlegungen des Inter-

Einführung einer neuen Veränderlichen.

valls (a, b) durchlaufen, so konvergiert

$$-s_a^b(\mathfrak{Z}) \text{ absteigend nach } \int_a^b (-f(x))\,dx,$$

also

$$s_a^b(\mathfrak{Z}) \text{ aufsteigend nach } -\int_a^b (-f(x))\,dx.$$

Da nun

$$-\int_a^x (-f(x))\,dx$$

die Ableitung $f(x)$ hat und für $x=a$ verschwindet, so ist nach Formel (***):

$$\int_a^x f(x)\,dx = -\int_a^x (-f(x))\,dx,$$

folglich

$$-\int_a^b (-f(x))\,dx = \int_a^b f(x)\,dx.$$

Wir sehen hieraus, daß

$$s_a^b(\mathfrak{Z}) \text{ aufsteigend nach } \int_a^b f(x)\,dx \text{ konvergiert,}$$

wenn $\mathfrak{Z}$ eine ausgezeichnete Folge von Zerlegungen des Intervalls (a, b) durchläuft. Da $S_a^b(\mathfrak{Z})$ demselben Grenzwert absteigend zustrebt, so ist immer

$$s_a^b(\mathfrak{Z}) \leq \int_a^b f(x)\,dx \leq S_a^b(\mathfrak{Z}).$$

§ 55. Einführung einer neuen Veränderlichen in ein bestimmtes Integral.

$f(x)$ habe in (a, b) eine stetige Ableitung $f'(x)$ und es sei $\alpha \leq f(x) \leq \beta$. Ferner sei $\varphi(u)$ eine stetige Funktion in (α, β). Endlich sei $f(a) = \gamma$, $f(b) = \delta$.

Dann hat

$$F(u) = \int_\gamma^u \varphi(u)\,du \qquad (\alpha \leq u \leq \beta)$$

die Ableitung $\varphi(u)$. Setzen wir $u = f(x)$, so wird $F(u)$ eine Funktion von x, die nach § 32 die Ableitung
$$\varphi(f(x))f'(x)$$
hat. Es wird also, weil $\gamma = f(a)$ und $F(\gamma) = 0$ ist,
$$F(f(x)) = \int\limits_a^x \varphi(f(x))f'(x)\,dx$$
und insbesondere (für $x = b$)
$$\int\limits_\gamma^\delta \varphi(u)\,du = \int\limits_a^b \varphi(f(x))f'(x)\,dx.$$

§ 56. Berechnung von Flächeninhalten.

$f(x)$ sei für $a \leq x \leq b$ stetig und nie negativ. Die Bildkurve von $f(x)$ liegt dann ganz auf einer Seite der x-Achse. Wir wollen von den Endpunkten der Bildkurve Lote auf die x-Achse fällen und das Flächenstück $\mathfrak{A}$ betrachten, welches diese beiden Lote, die x-Achse und die Bildkurve umgrenzen.

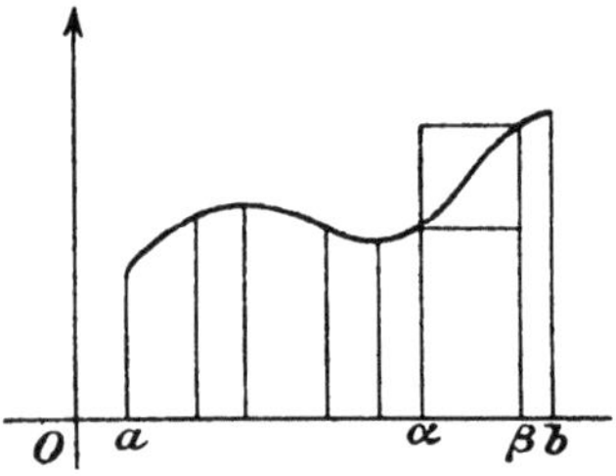

Nehmen wir irgendeine Zerlegung $\mathfrak{Z}$ der Basis des Flächenstücks, d. h. des Intervalls (a, b), vor und errichten in den Teilpunkten Lote auf der x-Achse, so zerlegt sich das Flächenstück in eine Anzahl gleichartiger Flächenstücke. Ist (α, β) eins der Teilintervalle und $m(\alpha, \beta)$ der kleinste, $M(\alpha, \beta)$ der größte Funktionswert in (α, β), so ist

Fig. 14.

das über (α, β) stehende Flächenstück nicht kleiner als das Rechteck $(\beta - \alpha)m(\alpha, \beta)$ und nicht größer als das Rechteck $(\beta - \alpha)M(\alpha, \beta)$. Es ist somit sicher
$$s_a^b(\mathfrak{Z}) \leq \mathfrak{A} \leq S_a^b(\mathfrak{Z}).$$

Läßt man $\mathfrak{Z}$ eine ausgezeichnete Folge von Zerlegungen durchlaufen, so konvergieren die einschließenden Größen beide nach $\int\limits_a^b f(x)\,dx$. Folglich ist auch
$$\mathfrak{A} = \int\limits_a^b f(x)\,dx.$$

Flächeninhalte. 111

Die Berechnung eines Flächeninhalts nennt man eine Quadratur, weil es nach Ausführung derselben möglich ist, ein gleich großes Quadrat anzugeben. Auch die Berechnung eines bestimmten Integrals nennt man infolge des obigen Zusammenhangs eine Quadratur.

§ 57. Beispiele.

1. Die Bildkurve von $y = \dfrac{x^2}{2k}$ ($0 \leq x \leq x_0$) ist ein Parabelbogen. Der Inhalt des Flächenstücks $\mathfrak{A}$ (in der Figur schraffiert) ist gleich

$$\frac{1}{2k} \int_0^{x_0} x^2\, dx = \frac{x_0^3}{6k} = \frac{1}{3} x_0 y_0.$$

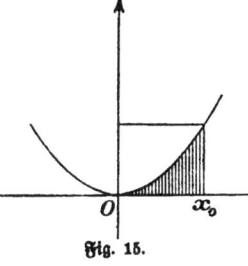

Fig. 15.

Der Parabelbogen teilt also das Rechteck aus x_0 und y_0 so, daß der eine Teil doppelt so groß wie der andre ist.

2. Die Bildkurve von $y = \sqrt{1-x^2}$ ($-1 \leq x \leq 1$) ist ein Halbkreis. Der Inhalt des Kreises ist daher gleich

$$2 \int_{-1}^{1} \sqrt{1-x^2}\, dx.$$

Um dieses Integral zu berechnen, wenden wir die partielle Integration an. Danach ist

$$\int \sqrt{1-x^2}\, dx = x\sqrt{1-x^2} + \int \frac{x^2\, dx}{\sqrt{1-x^2}}$$

$$= x\sqrt{1-x^2} - \int \sqrt{1-x^2}\, dx + \int \frac{dx}{\sqrt{1-x^2}},$$

also

$$2 \int \sqrt{1-x^2}\, dx = x\sqrt{1-x^2} + \arcsin x + C$$

und

$$2 \int_{-1}^{1} \sqrt{1-x^2}\, dx = \arcsin 1 - \arcsin(-1) = \pi.$$

3. Wenn ein Rad in gerader Linie rollt ohne zu gleiten, so beschreibt jeder Punkt seines Randes eine Kurve, die man eine

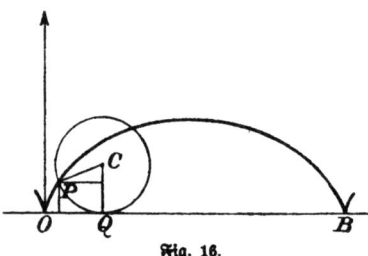

Fig. 16.

Zykloide*) nennt. Sie besteht aus unendlich vielen kongruenten Bögen wie OPB.

Wir wollen das Flächenstück berechnen, daß ein solcher Zykloidenbogen zusammen mit der Basis OB umgrenzt. Aus der Figur, in welcher der Kreisbogen PQ gleich OQ ist (wie aus der Definition der Zykloide folgt), entnimmt man, daß die Koordinaten eines Zykloidenpunktes P durch die Formeln

$$x = a(t - \sin t), \quad y = a(1 - \cos t)$$

gegeben sind. t ist der Winkel PCQ. Wenn t von 0 bis 2π wächst, beschreibt P den Zykloidenbogen APB. Da

$$dx = a(1 - \cos t)dt, \quad y\,dx = a^2(1 - \cos t)^2 dt$$

ist, so ist der zu berechnende Flächeninhalt gleich

$$a^2 \int_0^{2\pi} (1 - \cos t)^2 dt = a^2 \int_0^{2\pi} (1 - 2\cos t + \cos^2 t)\,dt$$

oder wegen $\cos^2 t = \frac{1}{2}(1 + \cos 2t)$ gleich

$$a^2 \int_0^{2\pi} \left(\frac{3}{2} - 2\cos t + \frac{1}{2}\cos 2t\right) dt = 3\pi a^2.$$

Der gesuchte Flächeninhalt ist also gleich dem Dreifachen des erzeugenden Kreises.

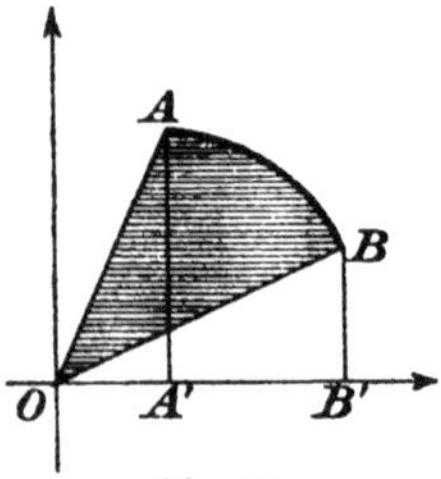

4. Wir wollen, wenn A und B die Endpunkte der Kurve $y = f(x)$ sind ($a \leq x \leq b$), das Flächenstück $\mathfrak{B}$ berechnen, welches die Kurve zusammen mit den beiden Geraden AO und OB begrenzt.

Es möge der spezielle Fall vorliegen, den Fig. 17 darstellt. Dann hat man

$$\mathfrak{B} = A'B'BA + OA'A - OB'B.$$

Fig. 17.

---

*) **Galilei** ist der erste, der diese Kurve betrachtet hat.

Bogenlängen. 113

Es ist also
$$\mathfrak{B} = \int_a^b y\,dx - \tfrac{1}{2}(xy)_a^b$$

oder*)
$$\mathfrak{B} = \int_a^b y\,dx - \tfrac{1}{2}\int_a^b (x\,dy + y\,dx),$$

d. h.
$$\mathfrak{B} = \tfrac{1}{2}\int_a^b (y\,dx - x\,dy).$$

Die unabhängige Veränderliche ist hier x.

Diese Formel rührt von Leibniz her.

§ 58. Berechnung von Bogenlängen.

$y = f(x)$ habe in (a, b) eine stetige Ableitung $f'(x)$. Wir wollen die Bogenlänge der Bildkurve von $f(x)$ berechnen. Wir zerlegen (a, b) in die Teilintervalle
$$(a, x_1), (x_1, x_2), \ldots, (x_{p-1}, b)$$
und nennen diese Zerlegung $\mathfrak{Z}$.

Die Kurvenpunkte, deren Abszissen
$$a, x_1, x_2, \ldots, x_{p-1}, b$$
sind, mögen
$$A, P_1, P_2, \ldots, P_{p-1}, B$$
heißen. Die Länge der gebrochenen Linie $AP_1P_2\ldots P_{p-1}B$ bezeichnen wir mit $l(\mathfrak{Z})$. Wenn $\mathfrak{Z}$ eine ausgezeichnete Folge von Zerlegungen durchläuft, so konvergiert, wie

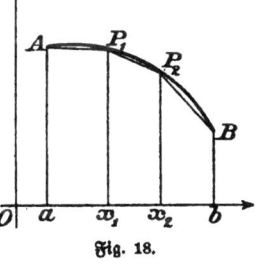

Fig. 18.

wir sehen werden, $l(\mathfrak{Z})$ immer nach demselben Grenzwert l. Dieser Grenzwert ist die gesuchte Bogenlänge**).

---

*) Wir nehmen an, daß $f'(x)$ in (a, b) stetig ist, damit die Integrale existieren.

**) Die Bogenlänge einer Kurve ist hierdurch überhaupt erst definiert. Ähnlich hätten wir es streng genommen auch bei dem Flächeninhalt in § 56 machen müssen.

III. Integralrechnung.

Wenn wir die Sehne berechnen, die dem Intervall (α, β) entspricht, so finden wir

$$\sqrt{(\beta - \alpha)^2 + (f(\beta) - f(\alpha))^2} = (\beta - \alpha)\sqrt{1 + f'^2(\xi)}.$$
$$(\alpha < \xi < \beta)$$

Dabei haben wir den Mittelwertsatz aus § 30 angewandt. Setzen wir

$$\varphi(x) = \sqrt{1 + f'^2(x)}$$

so wird

$$l(\mathfrak{Z}) = (x_1 - a)\varphi(\xi_1) + (x_2 - x_1)\varphi(\xi_2) + \cdots$$
$$+ (b - x_{p-1})\varphi(\xi_p);$$

$\xi_1, \xi_2, \ldots, \xi_p$ liegen bezüglich im Innern von (a, x_1), (x_1, x_2), $\ldots, (x_{p-1}, b)$.

Wir wollen den größten und den kleinsten Wert von $\varphi(x)$ in (α, β) mit $M(\alpha, \beta)$ und $m(\alpha, \beta)$ bezeichnen. Dann ist

$$l(\mathfrak{Z}) \leqq (x_1 - a)M(a, x_1) + (x_2 - x_1)M(x_1, x_2) + \cdots$$
$$+ (b - x_{p-1})M(x_{p-1}, b),$$
$$l(\mathfrak{Z}) \geqq (x_1 - a)m(a, x_1) + (x_2 - x_1)m(x_1, x_2) + \cdots$$
$$+ (b - x_{p-1})m(x_{p-1}, b).$$

Die beiden Ausdrücke rechts konvergieren aber, wenn $\mathfrak{Z}$ eine ausgezeichnete Folge von Zerlegungen durchläuft nach

$$\int_a^b \varphi(x)\,dx = \int_a^b \sqrt{1 + f'^2(x)}\,dx\text{*}).$$

Also ist auch

$$l = \int_a^b \sqrt{1 + f'^2(x)}\,dx$$

oder wegen $dy = f'(x)\,dx$

$$l = \int_a^b \sqrt{dx^2 + dy^2}.$$

---

*) $\sqrt{1 + f'^2(x)}$ ist nach § 32 stetig, weil $\sqrt{1 + u^2}$ und $f'(x)$ stetig sind.

$\sqrt{dx^2 + dy^2}$ nennt man das **Bogendifferential**, weil

$$d\int_a^x \sqrt{dx^2 + dy^2} = \sqrt{dx^2 + dy^2}$$

ist.

Die Berechnung einer Bogenlänge nennt man eine **Rektifikation**.

§ 59. Beispiele.

1. Wenn $y = \dfrac{x^2}{2k}$ ist, so wird

$$\sqrt{dx^2 + dy^2} = \sqrt{1 + \frac{x^2}{k^2}}\, dx,$$

also die Länge des Parabelbogens in § 57, 1 gleich

$$\int_0^{x_0} \sqrt{1 + \frac{x^2}{k^2}}\, dx.$$

Die partielle Integration liefert

$$\int \sqrt{1 + \frac{x^2}{k^2}}\, dx = x\sqrt{1 + \frac{x^2}{k^2}} - \int \frac{\frac{x^2}{k^2} dx}{\sqrt{1 + \frac{x^2}{k^2}}}$$

$$= x\sqrt{1 + \frac{x^2}{k^2}} - \int \sqrt{1 + \frac{x^2}{k^2}}\, dx + \int \frac{dx}{\sqrt{1 + \frac{x^2}{k^2}}},$$

so daß

$$\int \sqrt{1 + \frac{x^2}{k^2}}\, dx = \tfrac{1}{2} x \sqrt{1 + \frac{x^2}{k^2}} + \tfrac{1}{2} \int \frac{dx}{\sqrt{1 + \frac{x^2}{k^2}}}$$

ist. Das letzte Integral können wir aber berechnen. Setzen wir nämlich $x = kz$, so wird nach § 51,2

$$\int \frac{dx}{\sqrt{1 + \frac{x^2}{k^2}}} = k \int \frac{dz}{\sqrt{1 + z^2}} = C + k \log\left(z + \sqrt{1 + z^2}\right).$$

Also ist

$$\int \frac{dx}{\sqrt{1+\frac{x^2}{k^2}}} = C + k \log \left(\frac{x}{k} + \sqrt{1+\frac{x^2}{k^2}} \right)$$

und

$$\int_0^{x_0} \sqrt{1+\frac{x^2}{k^2}}\, dx = \frac{x_0 \sqrt{x_0^2+k^2}}{2k} + \frac{k}{2} \log \frac{x_0 + \sqrt{x_0^2+k^2}}{k}.$$

2. Bei der Zykloide ist

$$dx = a(1-\cos t)\, dt,\ dy = a \sin t\, dt,$$

also

$$dx^2 + dy^2 = a^2 \left\{ (1-\cos t)^2 + \sin^2 t \right\} dt^2$$
$$= 2a^2 (1-\cos t)\, dt^2$$

oder

$$dx^2 + dy^2 = 4a^2 \sin^2 \frac{t}{2}\, dt^2,$$

folglich

$$\sqrt{dx^2 + dy^2} = 2a \sin \frac{t}{2}\, dt.$$

Die Länge eines ganzen Zykloidenbogens wird

$$2a \int_0^{2\pi} \sin \frac{t}{2}\, dt = -4a \left(\cos \frac{t}{2} \right)_0^{2\pi} = 8a.$$

Die Länge eines Zykloidenbogens ist also gleich dem vierfachen Durchmesser des erzeugenden Kreises.

§ 60. Inhalt und Mantelfläche eines Rotationskörpers.

$y = f(x)$ sei in (a, b) stetig und nie negativ. Wir denken uns die Bildkurve von $f(x)$ gezeichnet und von deren Endpunkten Lote auf die x-Achse gefällt. Diese begrenzen zusammen mit der x-Achse und der Kurve ein Flächenstück $\mathfrak{A}$. Lassen wir dasselbe um die x-Achse rotieren, so entsteht ein Rotationskörper $\mathfrak{K}$.

Wir wollen ihn durch Ebenen, die wir senkrecht zur x-Achse legen, in Teile zerschneiden. Die zugehörige Zerlegung von (a, b) möge $\mathfrak{Z}$ heißen. Dasjenige Stück von $\mathfrak{K}$, das dem Teilintervall (α, β) entspricht, liegt innerhalb eines Zylinders, dessen Grund=

rabius $M(\alpha, \beta)$ und deſſen Höhe $\beta - \alpha$ iſt, und außerhalb eines Zylinders mit derſelben Höhe und dem Grundradius $m(\alpha, \beta)$. Des Volumen von $\Re$ iſt alſo größer oder gleich der Summe aller Zylinder $\pi(\beta-\alpha) m^2(\alpha, \beta)$ und kleiner oder gleich der Summe aller Zylinder $\pi(\beta-\alpha) M^2(\alpha, \beta)$. Daraus folgt aber, wenn wir eine ausgezeichnete Folge von Zerlegungen durchlaufen, daß

$$\mathfrak{V} = \pi \int_a^b f^2(x)\, dx = \pi \int_a^b y^2\, dx$$

iſt.

Wir wollen jetzt vorausſetzen, daß $f(x)$ in (a, b) eine ſtetige Ableitung $f'(x)$ hat. Wie in § 58 nehmen wir auf der Bildkurve die Punkte $A, P_1, \ldots, P_{p-1}, B$, deren Abſziſſen $a, x_1 \ldots, x_{p-1}, b$ ſind. Jede der Sehnen $A P_1, P_1 P_2, \ldots, P_{p-1} B$ beſchreibt dann bei der Rotation der Figur um die x-Achſe den Mantel eines abgeſtumpften Kegels. Die dem Teilintervall (α, β) entſprechende Sehne liefert einen Kegelmantel, der gleich

$$\pi \left\{ f(\alpha) + f(\beta) \right\} \sqrt{(\beta-\alpha)^2 + (f(\beta) - f(\alpha))^2}$$
$$= \pi (\beta-\alpha) \left\{ f(\alpha) + f(\beta) \right\} \sqrt{1 + f'^2(\xi)}$$
$$(\alpha < \xi < \beta)$$

iſt. Nun hat man aber

$$f(\alpha) = f(\xi) + (\alpha - \xi) f'(\bar{\xi}),$$
$$f(\beta) = f(\xi) + (\beta - \xi) f'(\bar{\bar{\xi}});$$

$\alpha < \bar{\xi} < \xi < \bar{\bar{\xi}} < \beta$. Alſo wird unſer Kegelmantel gleich

$$2\pi(\beta - \alpha) f(\xi) \sqrt{1 + f'^2(\xi)} + \pi(\beta - \alpha) \varrho,$$

wobei

$$\varrho = (\alpha - \xi) f'(\bar{\xi}) \sqrt{1 + f'^2(\xi)} + (\beta - \xi) f'(\bar{\bar{\xi}}) \sqrt{1 + f'^2(\xi)}.$$

Bezeichnen wir mit μ^2 den größten Wert von $f'^2(x)$ in (a, b) und mit δ die Maximallänge der Teilintervalle (α, β), ſo iſt

$$|\varrho| < \delta \mu \sqrt{1 + \mu^2}.$$

Der größte Wert der Funktion $2 \pi f(x) \sqrt{1 + f'^2(x)}$ in (α, β) ſei $M(\alpha, \beta)$, der kleinſte $m(\alpha, \beta)$. Die Summe aller

$(\beta - \alpha) \cdot m(\alpha, \beta)$ heiße $\mathfrak{s}_a^b(\mathfrak{Z})$, die Summe aller $(\beta - \alpha)\mathfrak{M}(\alpha, \beta)$ heiße $\mathfrak{S}_a^b(\mathfrak{Z})$. Die Summe der p Kegelmäntel, die von den Sehnen $AP_1, P_1P_2, \ldots, P_{p-1}B$ erzeugt werden, liegt dann zwischen

$$\mathfrak{s}_a^b(\mathfrak{Z}) - \delta\pi(b-a)\mu\sqrt{1+\mu^2}$$

und

$$\mathfrak{S}_a^b(\mathfrak{Z}) + \delta\pi(b-a)\mu\sqrt{1+\mu^2}.$$

Lassen wir $\mathfrak{Z}$ eine ausgezeichnete Folge von Zerlegungen durchlaufen, so konvergieren (weil lim $\delta = 0$ ist) beide Größen nach dem Grenzwert

$$2\pi\int_a^b f(x)\sqrt{1+f'^2(x)}\,dx = 2\pi\int_a^b y\sqrt{dx^2+dy^2}.$$

Diesen Grenzwert nennen wir die Mantelfläche des Rotationskörpers.

§ 61. Beispiel.

Lassen wir den Halbkreis

$$y = \sqrt{1-x^2} \qquad (-1 \leq x \leq 1)$$

um die x-Achse rotieren, so entsteht eine Kugel vom Radius 1. Ihr Volumen ist nach § 60 gleich

$$\pi\int_{-1}^{1}(1-x^2)\,dx.$$

Nun hat man aber

$$\int(1-x^2)\,dx = C + x - \frac{x^3}{3}.$$

Es wird also

$$\pi\int_{-1}^{1}(1-x^2)\,dx = \pi\left(x - \frac{x^3}{3}\right)_{-1}^{1} = \frac{4\pi}{3}.$$

Die Oberfläche der Kugel wird nach § 60 gleich

$$2\pi\int_{-1}^{1}dx = 4\pi,$$

weil
$$dx^2 + dy^2 = \frac{dx^2}{1-x^2}$$
ist.

Legt man durch die Punkte $x = a$, $x = b$*) zwei Ebenen senkrecht zur x-Achse, so entsteht eine Kugelzone. Ihr Volumen ist gleich

$$\pi \int_a^b (1-x^2)\, dx = \pi \left(b - \frac{b^3}{3}\right) - \pi \left(a - \frac{a^3}{3}\right),$$

ihre Mantelfläche gleich

$$2\pi \int_a^b dx = 2\pi (b-a).$$

Historische Übersicht**).
Die Vorläufer von Leibniz und Newton.

Die ersten Anfänge der Infinitesimalrechnung finden sich schon in den klassischen Arbeiten der großen griechischen Geometer. Insbesondere gilt das von der Integralrechnung. Archimedes (287—212) war im Besitze einer Methode, die im wesentlichen Integralrechnung ist. Das zeigen besonders die kürzlich von Heiberg neu aufgefundenen archimedischen Schriften. Archimedes benutzte seine Methode zur Berechnung von Flächen- und Rauminhalten sowie zur Bestimmung von Schwerpunkten. Berühmt ist seine Quadratur eines Parabelsegments sowie seine Kreis- und Kugelberechnung.

Im Mittelalter sank die Mathematik von der Höhe, die die griechischen Geometer erreicht hatten, völlig herab, und als man im 15. Jahrhundert das Studium der griechischen Geometer begann, fehlte das Verständnis für die Strenge der Beweise, die wir bei

---

*) $-1 < a < b < 1$.
**) Nach Cantors Vorlesungen über Geschichte der Mathematik und Zeuthens Geschichte der Mathematik im 16. und 17. Jahrhundert. Benutzt sind auch die beiden Schriften von Gerhardt „Die Entdeckung der Differentialrechnung durch Leibniz" und „Die Entdeckung der höheren Analysis".

jenen ausgezeichneten Denkern finden. Trotzdem wirkten besonders die Schriften des Archimedes anregend.

Der berühmte Astronom Johannes Keppler (1571—1630) erreichte eine große Virtuosität in der Handhabung infinitesimaler Methoden. Er kam vermöge seines feinen mathematischen Takts fast immer zu richtigen Ergebnissen, obwohl seine Methoden nichts weniger als exakt waren. In seiner „Stereometria doliorum" (Stereometrie der Weinfässer), die 1615 gedruckt ist, finden wir im ersten Abschnitt eine Rekapitulation der archimedischen Arbeit über Kugel und Zylinder. Hier können wir schon sehen, von welcher Art Kepplers infinitesimale Betrachtungen sind und wie sehr bei ihnen jede Spur eines wirklichen Beweises fehlt. Keppler erklärt z. B., die Kugel bestehe „gewissermaßen" aus unendlich vielen äußerst dünnen Kegeln, die ihre Spitze im Mittelpunkt und ihre Basis auf der Oberfläche der Kugel haben. So ist es dann leicht, den Inhalt der Kugel zu finden, wenn man ihre Oberfläche schon kennt. In ähnlicher Weise berechnet Keppler die Volumina von andern Körpern. So wenig dieses leichtfertige Umgehen mit dem Unendlichkleinen den Forderungen der mathematischen Strenge entspricht, so sehr hat es doch die Forschung gefördert. Man konnte sich leichter bewegen als in der schweren Rüstung einer strengen Methode.

Kepplers Buch übte freilich keinen so großen Einfluß aus. Das glückte in viel höherem Maße der „Methodus indivisibilium" des Mailänders Cavalieri, (1591—1647) obwohl ihre Grundlagen unklar waren und viele Angriffe erfuhren. Wir wissen aus Briefen Cavalieris, daß der große Galilei (1564—1642) eine ähnliche Methode besaß. Cavalieris Hauptidee ist es, ein ebenes Flächenstück als den Inbegriff aller zu einer festen Geraden parallelen Sehnen zu betrachten und einen Körper als den Inbegriff aller zu einer festen Ebene parallelen ebenen Schnitte. Hierin steckt im Grunde der Begriff des bestimmten Integrals, aber doch in einer sehr unklaren Form. Cavalieris Methode wurde von Torricelli, einem Schüler Galileis benutzt, um den Flächeninhalt der Zykloide zu berechnen, und erfuhr auch sonst die mannigfachsten Anwendungen.

In Frankreich haben Fermat (1601—1665), Roberval (1602—1672) und Pascal (1623—1662) Methoden zur Ausführung von Quadraturen entwickelt. Sie verließen z. T. die rein geometrische Darstellungsform, indem sie im Anschluß an Vieta (1540—1603), der hierin als Vorgänger Descartes' zu betrachten ist, die geometrischen Gebilde ins Analytische übersetzten.

Vorläufer von Leibniz und Newton.

Eine äußerst fruchtbare Tätigkeit entfaltete in England Wallis (1616—1703), der sich vielleicht am weitesten von der Strenge der griechischen Geometer entfernt. In seiner „Arithmetica infinitorum" (1655) verwendet er mit großer Kühnheit Induktions- und Analogieschlüsse, die man sonst in der mathematischen Wissenschaft nicht gewöhnt ist.

Wenn auch der Gegenstand, den Wallis behandelt, wie bei seinen Vorgängern die Bestimmung von Flächen- und Rauminhalten ist, so unterscheidet er sich doch von ihnen durch das ganz ausgesprochene Hervortreten der rechnerischen Seite. Er schreibt eine Arithmetica infinitorum.

Probleme, die, wie wir wissen, mit der Differentialrechnung zusammenhängen, sind das Tangentenproblem und das Problem der Maxima und Minima. Sie sind lange vor der Erfindung der Differentialrechnung in speziellen Fällen behandelt worden.

Es ist bekannt, daß schon die Griechen die Tangenten verschiedener Kurven konstruiert haben. Torricelli und Roberval lieferten eine nach ihrer Meinung allgemeine Tangentenmethode auf kinematischer Grundlage.*) In vollster Allgemeinheit konnte aber das Tangentenproblem erst nach der Erfindung der analytischen Geometrie durch Descartes (1596—1650) behandelt werden. Descartes selbst bezeichnet es in seiner Géométrie (1637) als das nützlichste und allgemeinste Problem der Geometrie. Freilich ist Descartes' eigne Lösung dieses Problems, bei der er sich eines die Kurve berührenden Kreises bedient, nicht sehr brauchbar.

Fermat entwickelte eine Methode der Maxima und Minima und eine Tangentenmethode, wobei er mit einem unendlich kleinen Inkrement der unabhängigen Veränderlichen operierte. Auf Grund dieser Tatsache haben sogar französische Mathematiker Fermat als den Erfinder der Differentialrechnung bezeichnet (z. B. Laplace).

Der berühmte holländische Mathematiker und Physiker Huygens (1629—1695) kannte die Arbeiten von Fermat und hat sich mit der Weiterführung und strengeren Begründung seiner Methode beschäftigt.

Auch Barrow (1630—1677), der Lehrer Newtons, hat Verdienste um das Tangentenproblem. Er knüpfte in vielen Punkten an Torricellis Arbeiten an.

---

*) Sie lösten mit Hilfe ihrer kinematischen Betrachtungsweise viele Aufgaben, z. B. gelang Roberval die Rektifikation der Zykloide.

Leibniz.

Gottfried Wilhelm Leibniz wurde 1646 in Leipzig geboren. 15 Jahre alt wurde er 1661 in Leipzig als Student immatrikuliert. Er kam durch das Studium der Logik zur Mathematik, die aber damals an den deutschen Universitäten sehr wenig in Blüte stand. Es war nur die Elementarmathematik, die Leibniz in den Vorlesungen kennen lernte. Auch seine zeitweilige Übersiedelung nach Jena konnte seinen mathematischen Studien nicht besondere Förderung bringen.

Erst viel später, als er schon seine politische Laufbahn begonnen hatte, sollte er mit den neueren Fortschritten der Mathematik bekannt werden. Er kam im Jahre 1672 mit einer diplomatischen Mission nach Paris und lernte dort die berühmten Männer am Hofe Ludwigs des XIV. kennen, unter ihnen Huygens. Dieser hatte gerade damals sein großes Werk „Horologium oscillatorium" vollendet. Es handelt von der Pendeluhr und bietet im Anschluß daran eine Fülle mechanischer und geometrischer Untersuchungen. Als Leibniz dieses Buch las, erkannte er die Unzulänglichkeit seiner mathematischen Vorbildung, und er begann mit Eifer die Schriften der großen Mathematiker Descartes, Pascal usw. zu studieren. Es dauerte nicht lange, so machte er schon eigene Entdeckungen. Er fand das Resultat, welches wir in § 57 (Nr. 4) mitgeteilt haben und konnte mit dessen Hilfe viele schon bekannte Quadraturen ausführen. Bei dieser Gelegenheit kam er auch auf die Formel

$$\frac{\pi}{4} = 1 - \frac{1}{3} + \frac{1}{5} - \frac{1}{7} + \cdots$$

Schon damals hat sich Leibniz mit der Konvergenz alternierender Reihen beschäftigt. Von ihm rührt auch der Satz her, den wir in § 18, Nr. 2 angegeben haben, den er aber erst später (10. Jan. 1714) in einem Briefe an Johann Bernoulli streng beweist. Ein Brief Newtons, der ihm 1676 durch Oldenburg, den Sekretär der Londoner Gesellschaft der Wissenschaften*) übermittelt wurde, zeigte Leibniz, wie große Fortschritte die englischen Mathematiker auf dem von ihm betretenen Gebiet schon gemacht hatten. Der Newtonsche Brief enthält u. a. die Binomialreihe, sowie die Reihen für $\cos x$ und $\sin x$. Leibniz ließ sich aber nicht etwa entmutigen. Vielmehr steigerten die Newtonschen

---

*) Leibniz hatte Oldenburg 1673 auf einer Reise nach London kennen gelernt.

Mitteilungen seine Begeisterung für den Gegenstand. Schon 1673 beschäftigte er sich außer mit Quadraturen auch mit dem Tangentenproblem, und 1675 war er schon so weit, daß er die beiden jetzt in der ganzen Welt benutzten Operationszeichen d und $\int$ einführte. Das war ein Schritt von der allergrößten Bedeutung. Mit Recht sagt Leibniz später in einem Briefe an den Marquis de l'Hôpital (1693), daß ein Teil des Geheimnisses der Analysis in der Bezeichnungsweise liegt, und er hat auch bei vielen andern Gelegenheiten die Wichtigkeit einer zweckmäßigen Symbolik betont*). Man kann mit einiger Sicherheit den Tag angeben, an welchem Leibniz zum ersten Male die beiden Symbole d und $\int$ nebeneinander benutzte. Es ist der **29. Oktober 1675**. Leibniz ging sogleich daran, die einfachsten Regeln für das Rechnen mit diesen Symbolen aufzusuchen.**) Er war sich bewußt eine neue Rechnungsart (novum genus calculi, wie er selbst sagt), gefunden zu haben und erkannte die große Tragweite derselben. Und gerade dies gibt uns das Recht ihn für den wahren Erfinder der Infinitesimalrechnung zu halten. Man muß zugeben, daß Leibniz sich an verschiedenen Stellen nicht klar darüber ausspricht, was seine Differentiale eigentlich bedeuten. Aber in seiner ersten Publikation über die Differentialrechnung, die 1684 in den Acta eruditorum erfolgte, finden wir im Anfang die Differentiale genau so definiert, wie wir sie jetzt definieren. Es heißt dort wörtlich: „Gegeben sei eine Achse AX und mehrere Kurven VV, WW, YY, ZZ. Ihre zur Achse senkrechten Ordinaten VX, WX, YX, ZX wollen wir mit v, w, y, z bezeichnen, den Abschnitt AX auf der Achse mit x. Die Tangenten seien VB, WC, YD, ZE. Sie mögen die Achse bezüglich in B, C, D, E treffen. Nunmehr wollen wir mit dx eine beliebig angenommene Strecke bezeichnen und die Strecke, welche sich zu dx verhält wie v (oder w oder y oder z) zu XB (oder XC oder XD oder XE), mit dv (oder dw oder dy oder dz) …"

---

*) Am 26. März 1676 schreibt er: Illustribus exemplis quotidie disco, omnem solvendi pariter problemata et inveniendi theoremata artem, tunc cum res ipsa imaginationi non subjacet aut nimis vasta est, eo redire, ut characteribus sive compendiis imaginationi subjiciatur, atque quae pingi non possunt, qualia sunt intelligibilia, ea pingantur tamen hieroglyphica quadam ratione, sed eadem et philosophica. Quod fit, si non ut pictores, mystae aut Sinenses similitudines quasdam sectemur, sed rei ipsius ideam sequamur.

**) Am 21. November 1675 fand er die Formel $d(uv) = u\,dv + v\,du$.

Da, wie wir wissen, v' die Richtungskonstante der Tangente ist, so wird

$$dv = \frac{XV}{XB} dx = v' dx,$$

also gerade das, was wir jetzt das Differential von v nennen.

Leibniz ging 1676 als Vorstand der herzoglichen Bibliothek nach Hannover. Dieses neue Amt und seine politische und philosophische Tätigkeit nahmen ihn stark in Anspruch. Er war aber doch immer mit dem Ausbau seines neuen Calcüls und mit Anwendungen desselben beschäftigt. Es finden sich in seinem Nachlaß verschiedene Entwürfe zu einer definitiven Publikation über den Gegenstand. Eine solche erfolgte aber, wie oben gesagt wurde, erst 1684. Inzwischen hatte sich Leibniz in einem Brief an Newton (1677) über seine Differentialrechnung ausgesprochen.

Kurfürst Friedrich III. berief Leibniz nach Berlin; hier gründete er die Akademie der Wissenschaften. Nach Hannover zurückgekehrt war er 1713 damit beschäftigt beim Kurfürsten von Hannover die Thronfolge in England zu sichern, die ihm die Tories aberkennen wollten. Diese politische Tätigkeit trug wesentlich dazu bei, ihn mit Newton zu verfeinden, der der Partei der Tories angehörte. 1714 kam der Kurfürst von Hannover auf den englischen Thron. Aber Leibniz fiel in Ungnade und war in den letzten Lebensjahren vereinsamt. Er starb, von heftigen körperlichen Leiden geplagt, 1716.

Newton.

Isaak Newton wurde 1642 in Woolsthorpe bei Grantham in Lincolnshire geboren und kam 1661 als Student nach Cambridge. Hier studierte er Descartes' Géométrie und Wallis' Arithmetica infinitorum und hörte die Vorlesungen Barrows. Er hatte, wie man sieht, mehr Glück als Leibniz, der während seiner Studienzeit nichts von den neueren Fortschritten der Mathematik erfuhr. Newton dachte über alles, was er las, selbständig nach und „das stete Nachdenken" war, wie er selbst sagte, der Weg, auf dem er zu seinen großen Entdeckungen kam. In den Jahren 1665—67 fand er (durch das Studium von Wallis angeregt) die Binomialformel für gebrochene positive und negative Exponenten (vgl. oben § 39) und verschiedene andere mit unendlichen Reihen zusammenhängende Resultate.*) Auch legte er damals schon den

---

*) Z. B. die Reihenentwicklung algebraischer Funktionen.

Grund zu seiner **Fluxionsrechnung**. Die direkte und die inverse Fluxionsrechnung sind dasselbe wie Differential- und Integralrechnung. In jene Zeit fällt auch seine große Entdeckung der allgemeinen Gavitation. Die Grundidee der Fluxionsrechnung ist die, daß jede Veränderliche oder „Fluente" als Funktion der Zeit betrachtet wird. Die Zeit ist also die allgemeine unabhängige Veränderliche. Die Geschwindigkeit, mit der eine Fluente x sich ändert, nennt Newton die „Fluxion" von x und bezeichnet sie mit $\dot{x}$. Ändert sich x gleichförmig, d. h. in gleichen Zeiten um den gleichen Betrag, so ist $\dot{x} = 1$. Die Newtonschen Fluxionen sind also dasselbe wie die Ableitungen oder Differentialquotienten, nur daß die Zeit die unabhängige Veränderliche ist.

Es muß überraschen, daß Newton, obwohl er schon so viele Anwendungen von seiner Fluxionsrechnung besaß, in seinem großen Werk „Philosophiae naturalis principia mathematica" (1686—87) keinen Gebrauch davon machte. Nach seiner eigenen Angabe hat er die meisten Resultate in diesem Buch mit Hilfe seiner Fluxionsrechnung gefunden und nach dem Erscheinen desselben zeigte auch Leibniz, wie leicht sich die meisten Resultate mittelst der Infinitesimalrechnung ableiten lassen. Es kam aber Newton darauf an, so wichtige Untersuchungen, wie sie die „Principia" enthalten, in einer Form darzustellen, die den Leser nicht nötigt, erst eine neue Rechnungsart kennen zu lernen.

Publiziert hat Newton seine Fluxionsrechnung sehr spät, obwohl verschiedene Abhandlungen längst ausgearbeitet bei ihm lagen. Sein Hauptwerk über Infinitesimalrechnung „Methodus fluxionum et serierum infinitarum" wurde erst nach seinem Tode (er starb 1727) gedruckt. Newton hatte immer eine große Abneigung öffentlich aufzutreten. Es wird gesagt, daß ihn ein Gegenstand, den er bearbeitete, nicht mehr interessierte, sobald andre etwas darüber publiziert hatten. Das mag der Grund gewesen sein, daß seine Fluxionsrechnung so spät veröffentlicht wurde, zu spät, um sich neben dem schon verbreiteten Leibnizschen Calcül Geltung zu verschaffen.

Der Prioritätsstreit zwischen Newton und Leibniz.

Im Jahre 1699 ließ **Nicolas Fatio de Duillier** (ein Genfer, der Beziehungen zu Huygens hatte und Mitglied der Royal Society war) mit Genehmigung dieser Gesellschaft eine Schrift erscheinen, in der er Leibniz vorwarf, er habe seine Differentialrechnung nicht selbständig erfunden, sondern von Newton entlehnt.

Leibniz beschwerte sich wegen dieser Beschuldigung bei der Royal Society und ließ in den „Acta Eruditorum" eine Antwort auf Fatios Angriffe erscheinen. Er führt Newtons eignes Zeugnis an, der in den „Principia" die Unabhängigkeit seiner und der Leibnizschen Entdeckungen öffentlich anerkannt hatte (1687).

Im Jahre 1704 ließ Newton im Anhang eines optischen Werkes eine alte Abhandlung über die Quadratur der Kurven, die eine kurze Darstellung der Fluxionsrechnung enthält, drucken. Leibniz schrieb für die Acta Eruditorum eine Anzeige dieser Schrift, ohne aber seinen Namen zu nennen. In dieser Anzeige findet sich eine Bemerkung, die so aufgefaßt werden kann, als wolle sie Newton die Selbständigkeit der Erfindung absprechen und ihn von Leibniz abhängig machen. Newton scheint, damals durch politische Tätigkeit stark in Anspruch genommen, diesen Aufsatz nicht gelesen zu haben. Vielleicht hätte er sonst darauf geantwortet. Leibniz benutzte auch den Tod Jacob Bernoullis (der zusammen mit seinem Bruder Johann viel für den Ausbau und die Anwendungen des Leibnizschen Calculs getan hatte), um in einem Nekrolog die „Leibnizsche Infinitesimalanalysis" als eine große Erfindung hinstellen zu lassen, ohne daß dabei Newton erwähnt wurde.

Von der anderen Seite kam erst 1710 wieder ein Vorstoß. John Keill, ein Anhänger Newtons, schrieb eine Arbeit über Zentripetalkräfte und sagte darin geradezu, Leibniz habe die Newtonsche Fluxionsrechnung „unter Veränderung des Namens und der Bezeichnungsweise in den Acta Eruditorum veröffentlicht". Leibniz beschwerte sich wieder bei der Royal Society, deren Präsident damals Newton war. Es wurde dann schließlich eine Kommission eingesetzt, die den Tatbestand prüfen sollte. Sie sprach sich dahin aus, daß Newton der erste Erfinder der Infinitesimalrechnung sei. Die Schriftstücke, auf die sich das Urteil stützte, wurden gedruckt und überall verbreitet. Alle Bemühungen Leibnizens und unparteiischer Männer waren erfolglos. Während des ganzen 18. Jahrhunderts hat man die Entscheidung jener Kommission für maßgebend gehalten und erst das 19. Jahrhundert hat die Ehre unseres großen Landsmannes wiederhergestellt. Seine Unabhängigkeit von Newton ist mit Sicherheit nachgewiesen und Niemand darf jetzt daran zweifeln. Abhängig ist er nur — ebenso aber und vielleicht in noch höherem Maße Newton — von den Männern, die wir oben als die Vorläufer beider bezeichneten.